ベイズモデリングの世界

The Expanding World of
Bayesian Modeling

伊庭幸人 ── 編

岩波書店

はじめに

　この本はベイズ統計について統計モデリングの立場から幅広く解説したものである。特に，階層ベイズモデルや状態空間モデルの周囲にひろがる世界について，さまざまな視点から論じられている。

　第I部は「統計モデリングとは何か」というやさしい話からはじめて，各分野を代表する，久保，丹後，樋口，持橋，田邉の5人の著者が，医学・生物学データにおける個体差・地域差，時系列解析，自然言語処理，逆問題と帰納推論など豊富な話題を展開している。各解説は，『数学セミナー』（2007年11月号）の特集記事をベースに一部改訂したものである。

　第II部は新たに今回書き下ろしたもので，広い意味の「階層ベイズモデリング」を巡っての3つの小講義が中心になっている。諸分野が「階層ベイズ」という軸にそって統合されていく様子を示すことで，第I部の各解説をつなぐ役割を担うことを期待している。

*

　もし「ベイズ統計」についてほとんど知らない読者が，この本を手に取られたら，ほかの「ベイズ統計入門」の本と比べて，少し雰囲気が違うと感じられるだろう。もしかすると「高級そう」とか「難しそう」という感想もあるかもしれない。これには，いくつか理由がある。

　第一に，この本はベイズ統計の本である以前に「統計モデリング」の本であるということがある。「先人の考えた検定や推定の処方をひたすら学ぶ」というタイプの統計学から「ユーザーがカスタムメイドでモデルを作って世界を解釈していく」というタイプの統計学への道筋がまずあって，その中で便利な枠組みとして「ベイズモデリング」をとらえているのである。こうし

た方向からベイズ統計を扱う書籍は増えつつあり，たとえば『岩波データサイエンス』Vol. 1, Vol. 6 はコンパクトに実践的な知識を提供しているが，この本はより幅広い視点から「ものの見方」を提示することをめざしている。

　次に，何に比べて「難しい」のかということがある。時系列解析にせよ，個人差の解析にせよ，欠測の処理にせよ，通常の統計学の中では，「入門」から一歩進んだ話題であり，それらを従来の枠組みで別々に学ぶのは，必ずしも簡単なわけではない。そういうレベルのものが，「ベイズモデリング」とくに「階層ベイズモデリング」「状態空間モデリング」という枠組みの中では，案外容易に理解できてしまう。そういう意味では，むしろ大幅に「易しい」のである。現実のデータは，時間相関，空間相関，個人差や非一様性，グループ構造，欠測などを含むのが普通であることを考えれば，こうした「中級レベル」の話題に容易に接近できるようになったことは重要である。

＊

　ここで，第 I 部の初出から 10 年を経た現在の状況を，私見をまじえて考えてみたい。まず「カスタムメイドの統計学」という意味では，Stan や KFAS のような有力なソフトウェアが普及したことで，一般の統計ユーザーにとっては，ベイズモデリング・状態空間モデリングを学ぶ価値はさらに増加したといえるだろう。

　それに対して，より先端的な場ではどうか，というと，必ずしもベイズ統計万歳，ということばかりではないと思われる。現代的な意味でのベイズ統計をひとことで表現すれば「生成モデルにもとづく統計学」である。しかし，事前分布を含んだ生成モデルが「考えている空間全体」で定義されていなくてはならないのに対して，実際に事後分布が意味を持つ空間はずっと狭いのが通例である。そう考えると，モデルに生成モデルとしての能力を要求するのはオーバースペックである，という考え方もできる。たとえば，第 II 部で触れた一般のマルコフ確率場モデルをめぐる問題もそれに関連している。しかし，ベイズの簡単さは，まさにそのオーバースペックな点に由来するのであり，それを捨てることは再び専門家の割拠する世界への回帰につながり

かねないのが，ユーザーにとって辛いところである。

過去 10 年のデータサイエンスでの最大の驚きは，ディープニューラルネットワーク(DNN)の劇的な復活であった。DNN の成果としては，高次画像認識での認識率の向上や囲碁での勝利などが注目されているが，それらと同じくらい重要なのは，画像などの生成モデルとして，DNN とくに敵対的生成ネットワーク(GAN)が高い能力を示すことが示されたことだろう。これが「生成モデルにもとづく統計学」としてのベイズ統計の観点からどういう意味を持つかは，いまだ未知数である。一方で「カスタムメイドの統計学」を「ユーザーが自分の領域の知識にもとづいて可読性のある要素を組み立てていく統計学」と考えるなら，可読性が低くモデルの内部を操作しにくい DNN はむしろそれと対立する存在のようにもみえる。

もちろん，データサイエンスの未来は DNN だけにあるわけではない。通常のベイズ統計では，ベイズの公式は生成モデルから予測モデルを作るために使われる。これとは逆に，もし対象 y の属性 x を予測するモデル(回帰モデル)と対象 y の「事前分布」が与えられれば，ベイズの公式から生成モデルを作って，MCMC や粒子モンテカルロなどで望ましい属性 x を持つサンプル y を生成することができる。『岩波データサイエンス』Vol. 6 のコラム「エミュレータの活用」で触れた「ベイズ分子設計(Bayesian molecular design)」はその一例と考えられる。この方向がどこまで発展するかはまだわからないが，「新しいものを創出する人工知能」として今後が期待される分野である。

2017 年 12 月

伊庭 幸人

目　次

はじめに

第Ⅰ部　ベイズモデリングの世界

平均値から個性へ　統計的モデリングのひらく世界像　**伊庭幸人**　　3
　「平均値から個性へ」の例を試してみる　　18

階層モデルで「個性」をとらえる　**久保拓弥**　　23
　「個性」とパラメータの推定　伊庭幸人　　36

個人差・地域差をとりこむ**統計科学**　医学分野の事例　**丹後俊郎**　　39

全体モデルから局所モデルへ　状態空間モデルとシミュレーション　**樋口知之**　　55

生きた言葉をモデル化する　自然言語処理と数学の接点　**持橋大地**　　69

ポスト近代科学としての統計科学　**田邉國士**　　87

第Ⅱ部　階層ベイズ講義　**伊庭幸人**

はじめに　　108

講義 0　ベイズ・階層ベイズ・経験ベイズ　　111

講義 1	階層ベイズの2つの顔	118
講義 2	相関を表現する事前分布	136
講義 3	外れ値・クラスター分け・欠測	150
付録 A	階層ベイズモデルの予測分布	166
付録 B	スタイン推定量が2乗誤差の期待値を改良することの証明	169
付録 C	事前分布が指数型分布族の場合の経験ベイズ推定	177

表紙挿画＝蛯名優子
装丁＝佐藤篤司

第 I 部

ベイズモデリングの世界

平均値から個性へ
統計的モデリングのひらく世界像

伊庭幸人

　「これからは統計学も個性を重視しなくてはいけない」といわれたら，な
るほどと思う人が多いのではなかろうか。「個性」ということばには，それ
だけの魅力がある。その一方では「集団の代表値を求めるのが統計の仕事の
はずなのに，個性とはどういうことか？」と考える人もいるかもしれない。
どちらも間違ってはいないのだが，ここでは一歩しりぞいて，なぜ「平均」
する必要があるのか，をまず考えてみよう。そこから，モデリングが統計科
学の要であるという認識が生まれ，「できるだけ個性を取り入れる統計」へ
の道筋がみえてくる。

たったひとりのあなたのために

　病院に行ったら，手術を受けることをすすめられた。さっそくウェブを調
べると，90％ は成功すると出ているので，少し安心した。ところが，もっ
と調べると，成功率は年齢によって変わり，40 歳以上での成功率は 70％ だ
という。私はいま 47 歳だからさらにもっと悪いのだろうか。それから，男
女でも差があるらしい。日本人と外国人でも違う可能性がある。なんだか，
どの数字をみてよいのかわからなくなった。ああ，どうしよう…。
　単に平均値を自分にあてはめるだけでは心もとない，と考えるのは当然で

ある。ところが，どこまでも「自分」に近い，ということを追求していくと，最後は

　　あなたにそっくりの人がたったひとりいます。
　　それはあなたです。

ということになる。そして，あなたがたったひとりのあなたである以上，データからあなたが学べることは何もない…。

　この例は架空の話だが，同じようなことは，いろいろな状況で起きうる。たとえば，ショッピングセンターに来る顧客の分析がしたいとする。さまざまなデータが自動的に取得できる時代であるが，それを曜日，時間帯，性別，年齢層などで細かく分類していくと，いくら大量のデータがあっても，「火曜日の1時から1時10分までに来た30代の女性」のようなひとつひとつの区分に入る人数は減っていき，最後は0か1になってしまうだろう。これでは，その人の買い物の内容から有効な分析や予測を行うことはできない。

　野外調査をする生物学者も同じような矛盾をかかえている。たとえば，ある植物の分布密度が場所によってどう違うかが知りたいとする。一見，空間を細かい区画に区切るほど結果が精密になる，と思われるが，細かく分けすぎると，ある区画には「生えている」か「生えていない」かのどちらかになってしまう。ある地点には植物があるかないかのどちらかだから，それは当然なのだが，それでは本来求めたい「密度」は得られない。

　データのそれぞれは，それ自体では夜空にぽつんぽつんと輝いている星々のようなもので，その間には無限に深い闇がある。そこから何かを引き出すためには，なんらかの意味で似たものをまとめて間をおぎなう操作が必要である。それをここではモデリングと呼ぼう。モデリングなしに，法則を引き出したり予測を行うことはできない——という認識から，統計科学がはじまる。

モデリングの例

簡単な例を考えてみる。図1では縦軸に観測値 $\boldsymbol{y}=\{y_i\}$ ($i=1, ..., N$), 横軸にそれぞれを観測した位置 $\boldsymbol{x}=\{x_i\}$ ($i=1, ..., N$) が示されている。ここでは，簡単のために，位置は1次元の直線上の座標とした。縦軸は，そこに生えている木の高さ，そこで測定した物質の濃度，そこに住んでいる人の財産などなんでもよい。

このデータを分析するとして，いちばん簡単なのは，位置の情報を無視して全体の平均を計算することである(図2(a))。しかし，いまの場合，位置によって測定値に傾向がありそうに思える。たとえば，2等分してそれぞれの平均を求めたほうがよいかもしれない(図2(b))。あるいは，3つ以上に区切ることも考えられる。しかし，区切りを増やしすぎると，1個の区画できわめて少数しか測定しないことになり，前の節で述べた「たったひとりのこの私」の世界になりかねない(図2c)。

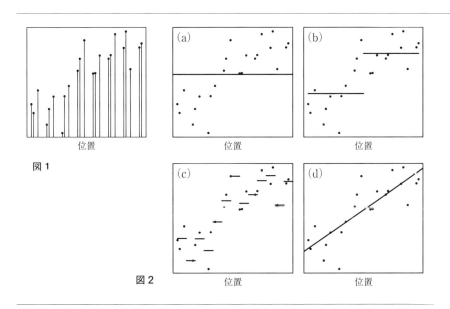

むろん，区切るばかりが能ではない。場合によっては，図 2d のように平均値が場所によって直線的に変化するようなモデルのほうがよいかもしれない。さらに考えると，2 次式，3 次式で平均値を表現するとか，負の値をとらないように関数形を工夫するとか，そういうことも考えられる。これらはすべて同じデータに対する異なるモデリングということになる。

確率モデルで知識を表現する

文字通り，似たものをまとめるだけなら，区切って平均する，という操作的な考え方でもよいが，もっと複雑なモデリングも含めて統一的に論じるには，確率モデルを導入するのが便利である。たとえば，図 2 の背後に

$$
y_i = \left(\begin{array}{c} 場所 \ x_i \ での \\ 平均値 \end{array} \right) + \left(\begin{array}{c} ランダムな \\ 揺らぎ \end{array} \right)
$$

という確率構造があって，データ y_i が生成されている，と考えるわけである。

ランダムな揺らぎ（雑音）の確率分布には，いろいろありうるが，伝統的には正規分布が仮定されることが多いので，ここでもそれを採用する。ランダムな揺らぎの確率分布として，両側指数分布やコーシー分布を仮定することもできる。そうした仮定もモデルの一部である。正規分布の平均を m，分散を σ^2 とし，各サンプルが独立だとすると，図 2a の背後には，

$$
\begin{aligned}
p(\boldsymbol{y}) &= p(y_1, y_2, \ldots, y_N) \\
&= p_1(y_1) p_2(y_2) \ldots p_N(y_N)
\end{aligned} \tag{1}
$$

および

$$
p_i(y_i) = \frac{1}{\sqrt{2\pi\sigma^2}} \exp\left(-\frac{(y_i - m)^2}{2\sigma^2} \right) \tag{2}
$$

で定まるデータ生成のメカニズムが想定されることになる。同様に，図 2b には(1)と

$$p_i(y_i) = \begin{cases} \dfrac{1}{\sqrt{2\pi\sigma^2}} \exp\left(-\dfrac{(y_i-m_L)^2}{2\sigma^2}\right), & (x_i \in A_L \text{ の場合}) \\[2ex] \dfrac{1}{\sqrt{2\pi\sigma^2}} \exp\left(-\dfrac{(y_i-m_R)^2}{2\sigma^2}\right), & (x_i \in A_R \text{ の場合}) \end{cases} \quad (3)$$

A_L, A_R は直線の左右への切り分けに対応する半区間，m_L, m_R は
それぞれにおける平均

で定義される確率分布が，図 2d には(1)と

$$p_i(y_i) = \frac{1}{\sqrt{2\pi\sigma^2}} \exp\left(-\frac{(y_i-ax_i-b)^2}{2\sigma^2}\right) \quad (4)$$

a は直線(回帰直線と呼ぶ)の傾き，b は y 切片

で定義される確率分布が対応しているとみなせる。

　ここで重要なのは，有限個のデータを相手にする統計的モデリングの世界
では「一般形は特殊形の代わりにはならない」ということである。図 2b に
対応する式(3)で $m_L=m_R$ とおくと図 2a に対応する式(2)になるし，図 2d
に対応する式(4)で $a=0$ とおいても同じである。しかし，図 2a のように仮
定することは，図 2b や図 2d より強い仮定を意味しているので，モデルと
しては別なのである。モデルを対象についての知識を表現するものと考えれ
ば，$m_L=m_R$ や $a=0$ のような「制約条件」は余分な知識を付け加えている
ことになる。

　この意味で，図 2c のモデルは，図 2a，図 2b と比べて仮定が少ない「弱
い」モデルである。モデルが弱すぎると，この例のように，有限個のデータ
をほとんどそのまま表現しているだけになり，その中にある構造を取り出す
ことができなくなってしまう。いっぽう，図 2a のモデルは「平均値が全体
で同じ」という強い仮定をおいているので，少ないデータからでも確かなこ
とがいえるが，図 2b や図 2d のモデルであらわされる構造があってもそれ
を取り出すチャンスを逃している可能性がある。

統計科学の仕事

モデリングという観点から「統計科学の仕事」を整理すると

1. モデルの開発とそれを用いてのモデリング

   ものごとのさまざまな表現の仕方，より柔軟なモデリングのやり方を考える。

2. モデルの推定・評価・利用

   モデルをデータにあてはめるための規準やその計算方法，モデルの良し悪しの評価の仕方を考える。

となる。

　前者ですぐに考えつくのは，いろいろな確率分布や関数の形を考えて利用する，ということであるが，現代の統計的モデリングの研究はもっと多彩に発展している。その例はすぐあとの節で説明する。

　後者でまず気になるのは，さまざまなモデルのうち，どれを使えばよいのか，ということである。また，式 (4) の a や b のようなパラメータをどうやって決めるかを考える必要もある。また，これを，モデルの「予測能力」を最大化するという規準で，統一的に行うのが AIC 規準によるモデル選択である。AIC を開発した赤池弘次氏は 2006 年京都賞を受賞した。AIC の考え方では，図 2c のモデルがよくないのは，推定値がランダムに揺らぐために予測能力が下がるためだと説明される。じつは「モデルから生成したサンプルをモデルの評価に使える」という確率モデルの利点がはっきりするのは，検定や AIC のあたりなのだが，本章ではそこには深入りしない。

　統計の実用書の多くでは，2. の部分，特に，さまざまな検定のやり方にページ数がさかれていて，1. に対応することは最初にちょっと書いてあるだけである。これは，伝統的な統計学が少数の変数の正規分布と線形関数という世界の中で閉じていたことがひとつの原因である。また，この制限を越えようとする試みの中には，いわゆるノンパラメトリック検定のように，順位などに着目することで，モデルを明示的に書くことを回避する，という方

向のものもあった。これは目的によっては有用かもしれないが，ますますモデリングという側面が背後に隠れてしまう結果を招いたといえる。本書では，これらとは反対に，明示的なモデリングによってデータに含まれる豊かな情報を取り込んでいく，というタイプの統計科学を紹介したい。

「滑らかな曲線」とは

図1のデータに戻る。データの数や様子からみて，この例では直線をあてはめるくらいで十分かもしれないが，もっとデータの量が多くて，複雑な位置依存性がありそうな場合には，どうしたらよいか。

ひとつの考え方は，曲線を表現するために，2次，3次，…の多項式を考えて，AIC 最小規準などによって，その中から適当と思われるモデルを選び出すことである。しかし，単純に次数を上げていくと，モデル固有の癖があらわれてきて好ましくないことがある。少しでもこれを防ぐために，たとえば3角関数など，ほかの系列も考えて，比較することも考えられるが，むしろ「滑らかな曲線」という概念自体を数式で表現できないだろうか。

そのためのひとつの方策は

あてはめる曲線 f そのものをある確率分布からのサンプルだと考える

ということである。先に確率モデルを導入したときはデータ y_i が，$p_i(y_i)$ で定まる分布からのサンプルだと仮定したわけである。これを拡張して，$p_i(y_i)$ の代わりに条件付き確率密度

$$p_i(y_i|f) = \frac{1}{\sqrt{2\pi\sigma^2}} \exp\left(-\frac{(y_i-f(x_i))^2}{2\sigma^2}\right)$$

と f の確率密度 $p^*(f)$ を考えよう。f は「曲線」だから，本来は無限次元とするのが自然だが，計算機上で処理するために，考えている区間を多数の小区間に分割して，分割した区間のそれぞれの上では一定値をとる関数を考えよう（図3）。たとえば，100分割したとすると，$\{f_1, f_2, \cdots, f_{100}\}$ のよう

平均値から個性へ（伊庭）　9

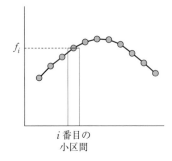

図3 小区間に分割して，分割した区間のそれぞれの上では一定値をとる関数で曲線をあらわす。

な100次元のベクトルが $\boldsymbol{f}$ をあらわすことになる。

$p^*(\boldsymbol{f})$ を通じて定量的に $\boldsymbol{f}$ の「滑らかさ」を導入することができる。たとえば，τ^2 を定数として

$$p^*(\boldsymbol{f}) = C \exp\left(-\frac{1}{2\delta^2}(f_{i+1} - 2f_i + f_{i-1})^2\right) \quad (5)$$

のようなものをとると，「2階差分が小さい」ということを表現することができる。ここで，C は確率密度の積分を1にするための正規化定数であり，また，両端については別途考えることにする(両端の境界条件によっては $1/C$ をあらわす積分が発散するが，その修正は難しくない)。このようにすると，δ^2 が小さいときは，平均が直線的に変化するというモデル(図2d)が得られる。逆に，δ^2 が大きいときは，「曲線」はまったく任意の形をとれるので，「たったひとりの私」の世界が再現されることになる。

図式的に考えると，あるレベルの「ぐにゃぐにゃ」の曲線がたくさん入っている「壺」から $\boldsymbol{f}$ を選ぶということになる(図4)。

そこで，f_i たちの間の相関の大きさをきめる δ^2 の値をうまく選ぶことができれば，非単調な変化を含めて，位置による測定量の変化を適切に表現できることになる。広い意味の「個性」——この場合は位置による変化——を柔軟に取り入れたモデリングが可能になるわけである(実際には σ^2 もデータから推定するのでより複雑になるが詳細は略する)。

図4 異なった δ^2 の値に対応する「壺」を示す.それぞれ,ほぼまっすぐな曲線(左の壺, δ^2 が小さい),そこそこ滑らかな曲線(真ん中の壺, δ^2 が中くらい),ぐにゃぐにゃした曲線(右の壺, δ^2 が大きい)がたくさん入っている.

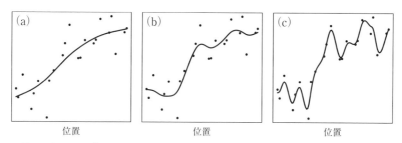

図5 左から, δ^2 が小さいとき,中くらいのとき,大きいとき,にそれぞれ対応する.

後出の式(10)を用いて図1のデータから推定した曲線が, δ^2 の値によってどのように変わるかを図5(a), (b), (c)に示した.

この例でそれまで決まったものとしていた曲線 f を確率変数とみなしたように,いままで定数だと考えていたものを確率変数と読み替える,というやり方はさまざまな場面で有効である.たとえば,いま述べたのとほぼ同じことを,空間的な不均一性でなく,時間的な非定常性について考えることもできる.そのためには,状態空間モデルの形に表現するのが便利であるが,それについては本書の樋口氏の解説を参照されたい.

また,この方法は,文字通りの「個性」をあらわすためにも使える.顧客をグループに分けたら,グループの数が多くなりすぎてそれぞれの人数が少なくなってしまった,という場合であれば, K 個のグループの平均値を $\boldsymbol{m} = \{m_k\}, (k=1, ..., K)$ として, m_k が「各グループの平均値の平均値」 $\overline{m}$

のまわりに正規分布する，というモデルを考えることができる。

$$p^*(\boldsymbol{m}) = C' \exp\left(-\frac{1}{2\delta^2} \sum_{k=1}^{K} (m_k - \bar{m})^2\right) \quad (C' \text{ は正規化定数})$$

これによって，グループ間の違いを取り入れつつ，全体の情報も利用することで，安定した推定が可能になる。本書に収録されている久保氏の解説で説明されている手法は，同じ考え方を平均値でなく二項分布の確率を定めるパラメータに適用したものである。丹後氏の解説では，同様の方法が医学データの解析に生かされている様子がわかる。また，持橋氏の解説には，自然言語処理の最先端での応用が示されている。

階層ベイズモデリング

定数を確率変数と読み替えることで，多段式のデータ生成過程を考える——という方針はよいとして，そうしてできた階層的なモデルを使った推論はどのようにすればよいのか。また，$\delta^2, \overline{m}$ などを決める規準も必要だろう。

$\delta^2, \overline{m}$ などに関する推論を行うには，これらもすべてある確率分布から生成されたと仮定するのがひとつの方法である。たとえば，滑らかな曲線からデータが生成されるというモデルでは，δ^2 を与えて，まず $\boldsymbol{f}$，次に $\boldsymbol{y}$ という順にデータが生成されたとするが，これは，式で書くと $\boldsymbol{y}$ と $\boldsymbol{f}$ の同時確率密度を

$$\tilde{p}(\boldsymbol{y}, \boldsymbol{f}) = p(\boldsymbol{y}|\boldsymbol{f}) p^*(\boldsymbol{f})$$

で与えたことに相当する。ただしここで，$p(\boldsymbol{y}|\boldsymbol{f}) = \prod_{i=1}^{N} p_i(y_i|\boldsymbol{f})$ とした。これに対して，δ^2 も確率変数だと考えると，

$$\tilde{\tilde{p}}(\boldsymbol{y}, \boldsymbol{f}, \delta^2) = p(\boldsymbol{y}|\boldsymbol{f}) p^*(\boldsymbol{f}|\delta^2) p^{**}(\delta^2) \tag{6}$$

のように，もう一段増えたことになる。

こういうふうに段数が増えてくると，いろいろな確率が出てくるから，確率や確率密度をあらわす文字は全部ただの P や p にして，引数で区別する

ことが多い。この慣習のもとでは，たとえば(6)は

$$p(\boldsymbol{y}, \boldsymbol{f}, \delta^2) = p(\boldsymbol{y}|\boldsymbol{f})p(\boldsymbol{f}|\delta^2)p(\delta^2) \tag{7}$$

となる。

　このアプローチの利点は，変数のどれかが与えられたときの残りの変数の
確率分布が，ただちに書き下せることである。そこで本質的な役割を演じる
のは，任意の確率変数の組について，その同時確率密度 $p(r, s)$ が

$$p(r|s)p(s) = p(r, s) = p(s|r)p(r) \tag{8}$$

と2通りに書けることである。ここで，記号 p についてはすぐ上で説明し
た慣用に従った。また，すでに使っている文字との重なりを避けるため，普
通使われる x, y でなく r, s を用いている。

　式(8)の両辺を r で積分すると，最左辺が

$$\int p(r|s)p(s)dr = p(s) \int p(r|s)dr = p(s)$$

となることから

$$p(s) = \int p(r, s)dr = \int p(s|r)p(r)dr$$

が得られる(積分範囲は確率密度がゼロでない領域全体とする)。上の式の各
辺で式(8)の対応する辺を割ると，

$$p(r|s) = \frac{p(r, s)}{\int p(r, s)dr} = \frac{p(s|r)p(r)}{\int p(s|r)p(r)dr} \tag{9}$$

となる。この式，特に最左辺と最右辺が等しいという部分は，「ベイズの公
式」とか「ベイズの定理」と呼ばれるが，ほとんど条件付き確率密度の定義
のようなものであり，それ自体は驚くようなことではない。

　ところが，いまのように確率構造の全体が仮定されている場合には，式
(9)を使うと，統計科学の仕事のうち「モデルの推定・評価・利用」の部分
の大半が片付いてしまう。たとえば，(7)で $\boldsymbol{y}$ と δ^2 が与えられた場合の $\boldsymbol{f}$

の分布は，式(9)の最左辺と真ん中が等しいことを利用して，r を $\boldsymbol{f}$ で，s を $(\boldsymbol{y}, \delta^2)$ で，それぞれ置き換えると，

$$P(\boldsymbol{f}|\boldsymbol{y}, \delta^2) = \frac{p(\boldsymbol{y}|\boldsymbol{f})\,p(\boldsymbol{f}|\delta^2)}{\displaystyle\int p(\boldsymbol{y}|\boldsymbol{f})\,p(\boldsymbol{f}|\delta^2)\,d\boldsymbol{f}} \tag{10}$$

となる（$p(\delta^2)$ は分母と分子でキャンセルする）。一方，$\boldsymbol{y}$ のみが与えられたときの $\boldsymbol{f}$ と δ^2 の同時分布は，式(9)の r を $(\boldsymbol{f}, \delta^2)$ で，s を $\boldsymbol{y}$ で，置き換えて，

$$p(\boldsymbol{f}, \delta^2|\boldsymbol{y}) = \frac{p(\boldsymbol{y}|\boldsymbol{f})\,p(\boldsymbol{f}|\delta^2)\,p(\delta^2)}{\displaystyle\iint p(\boldsymbol{y}|\boldsymbol{f})\,p(\boldsymbol{f}|\delta^2)\,p(\delta^2)\,d\boldsymbol{f}\,d(\delta^2)} \tag{11}$$

となる。これらから，仮定のもとでの $\boldsymbol{f}$ の推定やその誤差の推定などが可能である。このように，すべての変数の同時確率のモデリングを行って，それにデータを入れれば，式(9)によって自動的に答が出てくるので，ある意味，「算数」から「代数」に進化したときのような快感がある。

　こうした考え方を「ベイズ統計」というが，この簡単さにはもちろん代償がある。まず，式(10)や式(11)でなにかの量の期待値を計算したり，確率密度が最大になる $\boldsymbol{f}$ を求めるのは，必ずしもやさしくない。いまの例，特に式(10)では，$p(\boldsymbol{y}|\boldsymbol{f})\,p(\boldsymbol{f}|\delta^2)$ が正規分布の形になるので比較的楽であるが，一般には多変数の最適化や高次元積分が必要になる。その意味では，1990年代に入って，マルコフ連鎖モンテカルロ法の普及など計算手法のイノベーションがあって，はじめて「算数」から「代数」への転換は本物になったともいえる。

　次に，考えているすべての変数の同時確率を書き下すのは簡単ではない。しばしば，思わぬ部分まで仮定することを強いられることになる。たとえば，式(7)の場合に，$p(\delta^2)$ として何を仮定すればよいかは自明とはいえない。なんらかの限界 L を与えて $(0, L]$ の一様分布を考えるとして，結果が L にあまり依存しなければよい，というのがひとつのやり方だが，必ずしもすっ

きりしない。

じつは，ベイズ統計というのは最も古い統計的推論の形式なのだが，こうした点が問題になって，異論を立てる人たちがあらわれて，議論が続いたまま今日に至っているわけである。古典的な論争では，たとえば，モデル(4)で，直線の傾き a と切片 b は果たして確率変数とみなしうるのか，そこに仮定する分布(事前分布)はどう決めるべきか，というようなことが論じられた。しかし，いまの重点はむしろ「すべての変数の同時確率を書き下すことによるモデリングの効用」に移っており，なかでも多段式の生成過程を考えた階層的なモデルの便利さに関心が集まっている。その意味では「ベイズ統計」より，「ベイズモデリング」あるいは「階層ベイズモデリング」のほうが，近年の展開をあらわすのにふさわしい表現かもしれない。

「個性」の効用——ミクロとマクロ

さて，こうして推定された階層的なモデルはどのように利用されるのだろうか。

ひとつの可能性は広い意味で「個性」をあらわすようなパラメータ，小グループや個体や場所ごとに割り当てられているので「ミクロなパラメータ」と呼んでもよいが，それ自体に興味がある場合である。また，これに準ずるものとして，そこから導かれるグループごと，個体ごと，場所ごとの将来の予測に興味がある場合もあるだろう。本章のはじめに論じたような，個人に対する手術の成功確率，細かく分けた集団ごとの購買行動の予測，各地点での植物の分布密度，…，などは，その例である。

一方，久保氏の解説の例のように，δ^2 や $\overline{m}$ に相当する系全体の特徴をあらわすパラメータ——マクロなパラメータのほうが主な興味の対象になることもある。この場合も，問題によっては，ミクロな構造を無視してしまうと，推定されたマクロなパラメータに偏りが生じる可能性があることが知られている。偏りの生じるメカニズムにはさまざまなものがあるが，たとえば，個

体ごとにみるとはっきり存在する相関が，個性を無視するような平均操作をすることで過小評価される例がある。詳しくは 36 ページから始まる解説および久保氏の解説に引用されている文献を参照されたい。

科学の島々と未知の大海をつなぐ

　確立された科学の諸分野は，大海の中の島のようにぽつんぽつんと存在している知的な「要塞」のようなものかもしれない。それぞれの「島」は「原子の存在」とか「エネルギー保存則」とか「DNA に遺伝情報がコードされている」というようなコアとなる命題によって秩序付けられている。新しい島を作り出したり，既存の島を拡張することで，科学の世界はしだいに広がっていくわけである。

　しかし，それでも常に，島々の間には，どの島にもはっきりとは属さない部分が残されていて，そこでは，問題ごとの判断による，当面の知識の最大限の活用が必要とされる。生態系は河川の改修によって変化したのか，明日の大売出しには何を売ったらよいのか，赤ちゃんをうつ伏せに寝かせるのは危険か，それぞれの体質に合わせた治療法を選ぶにはどうしたらよいのか——こうした問いには，そもそも最終的な答は存在しないかもしれないし，仮にあったとしても，決定的な答が出せるまで事態を座視することは，かえって不合理なこともある。地球環境の予測や大量のテキストの自動処理といった課題でも同じである。これらの領域でも，合理的で妥当な推論というものは存在してよいはずであり，その方法を提供することは統計科学の役割のひとつだと思われる。

　現象を支配するマクロな変数を直接観測し，その間の法則を解明することが，科学の任務であり，また，工学の主要な手段であるという見方は，いわば熱力学的な世界観と呼べるかもしれない。これに対応するものが「平均値」の統計学だとすると，これからますます重要性を増すと考えられる「科学の島々の間にひろがる世界」に対応するためには，ミクロな情報を安易に

捨ててしまわない，よりソフトに構造をとらえる統計科学が必要とされるのではないだろうか。

　本書でとりあげたさまざまな事例は，こうした方向をめざす統計科学へのいざないの役を果たしてくれるはずである。

　　文献と補足
　前半でインフォーマルに述べた内容は，最近の機械学習の教科書，たとえば『パターン認識と機械学習，上，下』（ビショップ，元田浩ほか監訳，丸善出版，2007，2008）では理論全体の出発点として位置づけられている。関連した内容は，『岩波データサイエンス』Vol. 5 の冒頭でも解説したが，そこでは CV や AIC，スパース推定なども紹介した。本章とあわせて読まれたい。

　後半に関連した内容は，本書のほかの解説や第 II 部でも取り上げられているが，『岩波データサイエンス』シリーズでは Vol. 1 と Vol. 6 に対応する。『Stan と R でベイズ統計モデリング』（松浦健太郎，共立出版，2016）も実践的な内容でおすすめできる。

　この解説で行ったように横軸を離散化しなくても，無限次元のまま，すなわち f が連続時間のガウス過程からのサンプルだと仮定しても，ある種の双対表現を考えることで，計算機の上では有限次元ですませることが可能である。これを再生カーネル法と呼び，f が多変数関数（横軸が高次元）の場合に機械学習の分野で注目されている。このあたりは，たとえば *Gaussian Processes for Machine Learning*（Rasmussen and Williams, MIT Press, 2006）に詳しい。

　最後の節では，統計科学の任務のうち「予測」と「因果推論」の区別をはっきりさせないで論じている部分がある。因果推論については，『岩波データサイエンス』Vol. 3 を参照されたい。

「平均値から個性へ」の例を試してみる

　今回の解説は概念的な内容が主ですが，実際にこのモデルでデータをあてはめて曲線を描いてみたい方もいると思います。

　解説の中の事前分布(5)を用いたモデル(2階差分の事前分布による平滑化，2次のトレンドモデル)は，JAGS や Stan のような MCMC ソフトや KFAS のようなカルマンフィルタをベースにした R 言語のパッケージで扱うことができます。また，R 言語のパッケージ fields の sreg 関数(3次平滑化スプライン)でも，ほとんど同じ結果が得られます。

　以下では KFAS と fields での実装をそれぞれ簡単に紹介しましょう。下記を実行するには，パッケージ KFAS とパッケージ fields を CRAN からインストールしておく必要があります。

人工データ

　本文のデータは少し短すぎるので，次の模擬データで説明します。本文の曲線の再現については最後に触れます。

　以下は，時間間隔(もしくは空間での測定点の間隔)が不等な人工データを生成するコードです。時刻を 1 から tmax の間で s.size 個ランダムに選び(非復元抽出)，各時刻での観測値を生成します。5行目で観測時刻(観測位置)test.t を生成，6行目で「真の値」test.c.0 を計算，7行目でガウス雑音(正規乱数)を加えて観測値 test.c を生成しています。

```
##set.seed(1985)
tmax=200
s.size=60
sd=0.4
test.t=sample(c(1:tmax),size=s.size)
test.c.0=sin((test.t/100)*2*pi)
```

```
test.c=test.c.0+rnorm(sd=sd,n=s.size)
```

このままだと，実行ごとに異なるデータになり，ばらつきを観察するのに便利ですが，乱数の種を固定したいときは 1 行目のコメントを外します。

次は，データ（点）と「真の値」の曲線（灰色の線）をプロットするコードです。以下，このデータを扱う場合には lines 関数を実行する前にこれを実行してください。この人工データは時刻が大きくなる順に並んでいないので order 関数を使っています。

```
plot(test.t,test.c,pch=20,xlab="位置",ylab="",yaxt="n",xaxt="n")
ordert=order(test.t)
lines(test.t[ordert],test.c.0[ordert],lwd=4,lty=3,col=gray(0.5))
```

macOS 上の R では設定によって軸ラベルの日本語が出ないようですが，特に不便はないと思います。

KFAS パッケージ

KFAS パッケージは，もともとカルマンフィルタで時系列を扱うためのものですが，1 次元の空間データのためにも使えます。KFAS についての詳細は，『岩波データサイエンス』Vol. 6 の伊東の記事，および野村俊一『カルマンフィルタ——R を使った時系列予測と状態空間モデル』（共立出版）を参照してください。

KFAS では不等間隔のデータは欠測のあるデータとして扱うので，前処理として以下のように変換しておきます。

```
y=rep(NA,tmax)
y[test.t]=test.c
```

処理の本体は以下のようになります。2 行目でモデルを定義，3 行目であてはめ，4 行目で推定値（平滑化）を計算しています。

```
library(KFAS)
```

```
kfs.model=SSModel(y~SSMtrend(degree=2,Q=list(0,NA)),H=NA)
kfs.fit=fitSSM(kfs.model,inits=c(0.1,0.1),method="BFGS")
kfs.predict=predict(kfs.fit$model)
```

結果のプロット（先に説明したコードで描いたデータと「真の値」の上に
上書き）は以下で行えます．

```
lines(kfs.predict,col=2,lwd=2)
```

上記では，観測雑音の分散 σ^2，システム雑音の分散 δ^2 を最尤法によって
推定しています．これは本文の方法の近似とみなすことができ，経験ベイズ
法（この本の第 II 部参照）に相当します．σ^2, δ^2 の推定結果は，それぞれ以
下に入ります．

```
obs.n=kfs.fit$model$H[1,1,1]
sys.n=kfs.fit$model$Q[2,2,1]
```

本文で説明した方法（フルベイズ法）を用いるには JAGS や Stan などの
MCMC ソフトを利用します．たとえば『岩波データサイエンス』Vol. 1 の
伊東の記事を参照してください．

fields パッケージ

本文の図を描くには，パッケージ fields の sreg 関数を用いました．sreg
の前提とするモデルが本文で説明したモデルと完全に同じかどうかは不明で，
パラメータの推定方式は明らかに異なるものが使用されていますが，条件の
良いときは KFAS とほぼ同じ推定値（曲線）が得られます．

sreg 関数は不等間隔のデータを直接サポートしているので，以下の 2 行
目と 3 行目で推定が可能です．

```
library(fields)
spline.fit=sreg(test.t,test.c[1:s.size])
spline.predict=predict(spline.fit,c(1:tmax))
```

```
lines(c(1:tmax),spline.predict,lwd=2,col=4)
```

sreg 関数では，パラメータ lambda=(obs.n/sys.n)/s.size を GCV(Generalized Cross Validation)という本文とは別の手法で推定しています。1個のパラメータだけで済む理由は，ここで扱っているような線形ガウスのモデルでは lambda のみで曲線の形が決まるからです(KFAS の場合は obs.n と sys.n の比で曲線の形が決まるので，2つ同時に最尤推定する必要がある)。sreg は階層ベイズ推定というよりも「罰則つき最尤法」あるいは「罰則つき推定」(第 II 部参照)の立場に立った実装といえるでしょう。

本文の図の再現

本文の図で用いたデータは fields パッケージに付属する rat.diet データの一部を切り取ったものです(本文では空間データとして説明していますが，実際は時系列データです)。

```
library(fields)
r.t=rat.diet$t[1:23]
r.c=rat.diet$con[1:23]
plot(r.t,r.c)
```

sreg 関数では，lambda=0.8 のように値を指定することができます(無指定だと自動的に推定する)。データを描いたあとで，以下を実行すると，与えた lambda の値に対応する推定結果の曲線が描けます。いろいろな lambda の値を試すことで，本文の結果を確かめることができます。

```
spline.fit=sreg(r.t,r.c,lambda=0.8)
t.t=seq(1,max(r.t),,100)
spline.predict=predict(spline.fit,t.t)
lines(t.t,spline.predict,lwd=2,col=3)
```

本文では，図を見やすくするために観測点の数を少な目にしています。lambda あるいは obs.n, sys.n をデータから推定する場合には，観測点が少

ないと不安定になったり，結果が手法に依存するようになります。上の例
（観測点の数 23 個）でも，パラメータを自動的に推定させた場合，KFAS と
sreg 関数の結果は一致しません。

（伊庭幸人）

手術のリスクを計算してくれるウェブページ

冒頭の解説は「自分のうける手術のリスクはどのくらいだろう」と
悩む話からはじまる。このもとになった原稿を書いたときは，もっぱ
ら説明のために自分の頭の中で作った話で，現実の社会のことは念頭
になかった。

ところが，最近教えていただいたのだが，アメリカ外科学会では
「手術の種類」と「年齢・性別や持病など 20 個あまりの項目」を入力
するとデータから手術の合併症のリスクを計算してくれるウェブペー
ジを実際に開設している。これは「グレイズアナトミー」という人気
テレビ番組にも登場したそうである。

Surgical Risk Calculator
https://riskcalculator.facs.org/RiskCalculator/

上記のサイトで提示されるリスクの評価には，このあとの解説にある
ような階層ベイズ（経験ベイズ）的な手法がすでに使われている。日本
でも NCD（National Clinical Database）のデータに基づいて Risk
Calculator が作られているが，そこでも階層ベイズ的な手法を適用
する計画がある。

階層モデルで「個性」をとらえる

久保拓弥

　科学では観測・実験で得られたデータ――構造をもった数値・記号のあつまり――をあつかいます。このとき統計学的な手法をもちいて，観測データにみられるパターンを説明できるようなうまい統計モデルを構築します。これによってデータとモデルを組み合わせて，モデルを特徴づけるパラメータなどを推定します。

　このような統計モデリングこそがデータ解析の本質なのですが，多くの科学研究者はデータの処理を創造的なモデリングだとは気づいていません。むしろ，何かお役所仕事みたいな，誰かに定められてしまった意味のよくわからない手続きみたいなものだと考えているようです。

　ここからは(筆者が専門としている)生態学であつかうようなデータ例にそって「よくわかる」統計モデリングについて考えていきます。

観測データと統計モデリング

　生態学は生物が生きている現場で得た観測データにもとづいて，生物個体・集団の挙動を解明する学問です[1]。現実の生態学研究の事例は複雑すぎるので，図1のような架空植物のごく単純化した架空データに見られるパターンをうまく説明できるような統計モデルを設計しましょう。この植物の

● : 結実した胚珠
○ : 結実しなかった胚珠

図1 架空植物の10個の胚珠の結実調査。

ある1個体を選んだときに，それが何個ぐらい種子を作るのか知りたい，とします。この植物は胚珠という種子のもとになる器官をどの個体も必ず10個もっています。つまり観察される種子数は最小0個で最大10個となります（図1の例では4個が結実しています）。胚珠が種子になることを結実，ある胚珠が種子になる確率のことを結実確率とよぶことにします。この結実確率の大小を決める生物学的な要因にはさまざまなものがあります。しかしながら，ここでは研究者はそれについて何もわかっていない，と仮定します。

さて，この植物100個体を観察したときに，各個体の種子数について図2のようなデータが得られたとします。横軸は10胚珠中の結実した種子数（y），縦軸は頻度（種子数yだった個体数）になります（この観察データは[8]からダウンロードできます）。100個体×10胚珠から合計496個の結実した種子が得られました。

研究者たちはこのようなデータをどうあつかうのでしょうか。「ようするに1000個の全胚珠中496個が種子になったんだからこの植物の結実確率は0.496で，個体あたりの平均結実種子数は4.96個，それでいいんでしょ？標準偏差がないとケチつけられるからそれも計算して，…」といった何も考えていないルーチンワーク的な処理によって「データ解析，無事終了！」としてしまいたい研究者をよくみかけます。

いつもいつもこのように平均値その他の計算を「きまりきった手順」などと称して実施していれば，それで現象の観察データに見られるパターンは説明されたことになるのでしょうか？

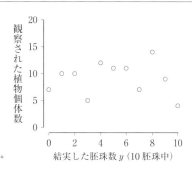

図 2 架空植物の観察結果：度数分布。

割算推定量とその統計モデル

図 2 に見られるようなパターンをうまく説明する統計モデルを作るために，まずは前述の平均値計算（結実胚珠数を全体の胚珠数で割ること）によって得られる確率 496÷1000＝0.496 とは何なのか？ 統計モデルとの関連を調べましょう。

まずは次のような単純な統計モデルを考えてみます。この架空植物のひとつの個体を i とよびます（$i=1, 2, ..., 100$）。**すべての個体で結実確率 q が共通している**と仮定します。すると，個体 i の 10 胚珠の中で結実した胚珠数が y_i 個となる確率は二項分布

$$f(y_i|q) = \binom{10}{y_i} q^{y_i}(1-q)^{10-y_i}$$

で表現できます。

次に 100 個体全体の確率を考えてみましょう。植物 100 個体の観察値 $\{y_i\}=\{y_1, y_2, ..., y_{100}\}$ が観察される確率は上の $f(y_i|q)$ を 100 個体分かけ合わせたものになります。このときに，逆に観察データ $\{y_i\}$ が与えられたもので，パラメータ q（$0<q<1$）は値を自由にとりうるとします。この 100 個体分の確率の積はパラメータ q の関数となります。

$$L(q|\{y_i\}) = \prod_{i=1}^{100} f(y_i|q)$$

これは尤度とよばれる q の関数で，値が大きいほどデータへのあてはまりがよい——と考えてください。この尤度 $L(\cdots)$ を最大化するパラメータの推定量 $\hat{q}$ を計算してみましょう。尤度の対数をとって

$$\log L(q|\{y_i\})$$
$$= \sum_{i=1}^{100} \log \binom{10}{y_i} + \sum_{i=1}^{100} \left\{ y_i \log(q) + (10-y_i) \log(1-q) \right\}.$$

データへのあてはまりが最もよくなる（$\log L(q|\{y_i\})$ が最大になる）q を計算すると，たしかに $\hat{q} = \sum_{i=1}^{100} \dfrac{y_i}{1000}$，つまり結実した全胚珠個数を全胚珠個数で割った数になっています。

個体差を無視したモデルの予測

ところで，この二項分布を使った統計モデルの最尤推定値 $\hat{q}=0.496$ は図2に示された生存種子数の分布を説明できているのでしょうか？ 観察データに統計モデルの予測，$100 f(y|\hat{q})$ を重ねてみると図3のようになります。これは表・裏の出現が同じ確率になるコイン投げを各人10回，合計100人にやってもらったときに，表がでた回数が y 回だった人数の分布とほぼ同じです。

結実確率 0.496 の二項分布モデルの予測と観測データを比較すると，次のような違いに気づきます：

- 10個中5胚珠が結実する個体数は 24.6 と期待されるが，観察データでは 11 個体しかない
- 結実数 0 個の期待個体数は 0.11 なのに 7 個体，結実数 10 個の期待個体数は 0.09 なのに 4 個体が出現した

これを見ると，結実する確率 q は 496÷1000＝0.496 であると推定してしま

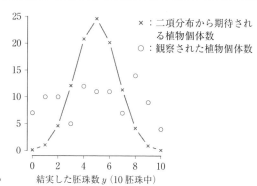

図3 観察結果と二項分布モデル。

えばよい,とする二項分布モデルでは現象をうまく説明できていない,と見当がつきます.おそらく,「どの個体でも胚珠が結実する確率 q は同じ(この例だと 0.5 ぐらい?)」という全個体均質性の仮定があまり正しくないのでしょう.このように,個体 i の結実種子数 y_i のばらつきが二項分布モデルの予測から逸脱してしまう現象を過分散(overdispersion)とよびます.

図2に示されている観察データの結実数の分布を説明するためには,二項分布モデルを拡張しなければなりません.たとえば,**結実する確率 q は植物個体によって異なる**らしいと考えてみてはどうでしょうか.個体ごとに結実確率が集団平均からずれていることを,仮に個性もしくは個体差とよぶことにします.なぜ個体に差が生じるのだろうか? といった生物学的な問題はあとで考えることにして,ここでは目の前のデータに見え隠れしている個体差をあつかえるような新しい統計モデルを作りましょう.

個体差を考慮した統計モデル

結実する確率 q が個体によって異なるよう統計モデルを拡張する準備として,結実する確率 q をロジスティック関数 $q(z) = \dfrac{1}{1+\exp(-z)}$ で表現することにします(図4).

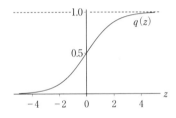

図4 ロジスティック曲線 $q(z)$。

次に，ある個体 i についての結実しやすさをあらわす変数を z_i として，$z_i = \beta + \alpha_i$ となるように全個体共通の部分 β と個体差 α_i の部分に分割します。

さて，このように個体差をあらわすパラメータ α_i で改良した統計モデルを使って，観察データからパラメータを推定するにはどうしたらよいのでしょうか？ 個性を考慮しない二項分布モデルの尤度方程式の q を $q(\beta + \alpha_i)$ に置きかえてみると，

$$L(\beta, \{\alpha_i\} | \{y_i\}) = \prod_{i=1}^{100} f(y_i | q(\beta + \alpha_i))$$

となります。個体差なしモデルのときのように，この尤度を最大化するようなパラメータを推定すればよいのでしょうか？ 個体差をあらわすパラメータ $\{\alpha_1, \alpha_2, \cdots, \alpha_{100}\}$ は 100 個あり，さらに全個体共通のパラメータ β を加えると 101 個のパラメータを推定しなければなりません。しかし，100 個体のぶんのデータにもとづいて 101 個のパラメータの推定値を確定することは不可能です。

あるいは各個体ごとに「個体 i が結実する確率は $y_i/10$」，つまり結実する確率は個体ごとにいちいち割算推定量で計算すればよいと考える人がいるかもしれません。これでは「この植物はどのように結実するか」に関する説明ができたような気分になりません。データである $\{y_i\}$ をよみあげているだけです。いっそのこと，個体差なしモデルによる「どの個体も結実する確率は 0.496」といった大雑把な推定のほうがマシに思えます。

階層ベイズモデルで表現する個体差

個体差なしモデルでは観察データにみられる結実種子数 $\{y_i\}$ の分布がうまく説明できているようには見えない(図3).しかし,サンプルサイズは100なので,個体差パラメータ $\{\alpha_i\}$ と全個体に共通するパラメータ β,合計101個も最尤推定するのは不可能である,という状況に対処するために階層ベイズモデル(あるいは階層モデル)を導入します.

この例題における階層ベイズモデルの役割は何なのか,を端的にいうと全100個体の個体差 α_i をいちいち最尤推定しないですませてしまう手段,ということになります.たとえば個体番号 $i=1$ の架空植物の個体差 α_1 が$-1.2345\cdots$ などと確定できるはずだとは考えないで,α_1 は -3 ぐらいかもしれないし $+0.5$ ぐらいかも,などと推定値を確定しないまま放置する,つまり α_i それぞれを確率変数として表現することにします.

しかしながら,個体差 α_1 の確率分布を他の α_i とは無関係に好き勝手に決めてよし,と許可してしまうとかなり無秩序な推定結果になります.そこで,各 α_i の確率分布は観察データ $\{y_i\}$ と「観察された100個体の結実確率には,全体としてどこか似ている部分がある」というルールを与えることで各個体の α_i がとりうる値を制約したい——つまり「観察データをうまく説明できる範囲で,個体たちはできるだけ似ている(α_i がゼロに近い)となるように α_i を決めようね」と,なかなか都合のよいことをもくろんでいるわけです.このように $\{\alpha_i\}$ を制約する役目を与えられた確率分布をベイズ統計学では事前分布とよびます.これに対して,観察データと事前分布で決まる α_i や β の確率分布は事後分布です.

この個体差 α_i の事前分布は,ここでは簡単のため平均ゼロで標準偏差 σ の正規分布

$$g_\alpha(\alpha_i|\sigma) = \frac{1}{\sqrt{2\pi\sigma^2}} \exp\frac{-\alpha_i^2}{2\sigma^2}$$

で表現できることにしましょう.観察された個体全体に共通するパラメータ

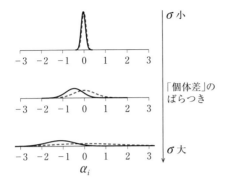

図5 事前分布に依存する事後分布。

σは,この植物の個体たちはお互いどれぐらい似ているかをあらわしていて,たとえば,

- σがとても小さければ個体差α_iはどれもゼロに近くなるから「どの個体もお互い似ている」
- σがとても大きければ,α_iは各個体の結実数y_iに合わせるような値をとる

といった状況が表現できるようになりました。ある個体iのα_iの事後分布が事前分布$g_\alpha(\alpha_i|\sigma)$に依存している様子を図5に示します。

ここで破線は$\{\alpha_i\}$の事前分布,実線はある個体iのα_iの事後分布(10胚珠中の結実数$y_i=2$)です。全体のばらつきσが小さいとα_iはゼロに近く,σが大きいときには事前分布による制約が弱くなるのでゼロからずれています。

観察された100個体の集団で個体差のばらつきをあらわすパラメータσをどう決めればよいのでしょうか? しかし,ここではいったんこの問題を先送りすることにして,ただ単にパラメータσもまた何か確率分布$h(\sigma)$にしたがう確率変数だ,ということにしてしまいます。これは事前分布のパラメータの事前分布なので超事前分布とよばれています。さて,こんなふうにパラメータを何もかも確率変数にするのであれば,全個体共通部分をあらわ

すパラメータ β も確率分布 $g_\beta(\beta)$ にしたがうとしましょう。これってどういう確率分布なの、といった疑問などもあとまわしにします。

あれこれめんどうな問題をすべて先送りにしたまま、ベイズの公式にもとづいた観察データ $\{y_i\}$ のもとでのパラメータの同時分布は

$$p(\beta, \{\alpha_i\}, \sigma|\{y_i\}) = \frac{\prod_{i=1}^{100} f(y_i|q(\beta+\alpha_i)) \, g_\beta(\beta) \, g_\alpha(\alpha_i|\sigma) \, h(\sigma)}{\iiint (分子と同じ) \, d\alpha_i \, d\sigma \, d\beta}$$

となります。この分母はすべての場合について積分しているので定数となります。すなわち、事後分布の確率密度は尤度（観測データのもとでの）と事前分布・超事前分布の確率密度の積になっています。個体差パラメータ α_i の事後分布を得るためにその事前分布 $g_\alpha(\alpha_i|\sigma)$ が必要で、さらにこの事前分布を決めるために超事前分布 $h(\sigma)$ が必要になる、といった階層構造があるので、このような統計モデルは階層ベイズモデルとよばれています[2]。この階層ベイズモデルを使うことで、この架空植物の結実確率に関する説明は改善されるのでしょうか？

経験ベイズ法による最尤推定

階層ベイズモデルのパラメータを推定する方法としては**経験ベイズ法**（empirical Bayesian method）と **Markov Chain Monte Carlo（MCMC）法**がよく使われています。

まず経験ベイズ法について説明しましょう。前の節で定義した事後分布 $p(\beta, \{\alpha_i\}, \sigma|\{y_i\})$ において全個体共通部分のパラメータ β の事前分布 $g_\beta(\beta)$ と個体差のばらつきをあらわす σ の（超）事前分布 $h(\sigma)$ を「分散がとても大きな一様分布」にしてしまいます。これは言いかえると「β も σ も（観察データに合うように）好き勝手な値をとっていいよ（ただし σ は標準偏差なので $\sigma>0$）」と設定していることになります。いっぽうで図5のように、各個体の個体差 α_i は平均がゼロかつ標準偏差 σ の正規分布である事前分布

$g_\alpha(\alpha_i|\sigma)$ に制約されているので，好き勝手な値をとることはできません。

　一様分布の仮定によって $g_\beta(\beta)$ と $h(\sigma)$ が何やら都合よく「定数みたいなもの」に変えられてしまったので，事後分布は

$$\prod_{i=1}^{100} f(y_i|q(\beta+\alpha_i))\, g_\alpha(\alpha_i|\sigma)$$

に比例する量となり，さらにこの α_i について積分した量は

$$L(\beta,\,\sigma|\{y_i\}) = \prod_{i=1}^{100}\int_{-\infty}^{\infty} f(y_i|q(\beta+\alpha_i))\, g_\alpha(\alpha_i|\sigma)d\alpha_i\times(\text{定数})$$

というふうに，観察データ $\{y_i\}$ のもとでのパラメータ β と σ の尤度方程式とみなせます。

　あとは尤度 $L(\beta,\,\sigma|\{y_i\})$ を最大化するような $\hat{\beta}$ と $\hat{\sigma}$ を数値的な最尤推定法で探索します。

　この数値計算を簡単にすませる抜け道があります。上のような尤度であらわされる統計モデルは一般化線形混合モデル（generalized linear mixed model あるいは GLMM）というクラスのモデルとまったく同じ形式になります[3]。この種子結実の統計モデルのような（個体差が $\{\alpha_i\}$ だけであるような）単純な GLMM の場合，統計ソフトウェア R を使うことで簡単に推定計算できます[4]。たとえば，R に glmmML というライブラリをインストールすると，GLMM のパラメータ（この場合は β と σ）の数値的な最尤推定が可能になります。R を起動してデータを読みこみ（このデータは d というオブジェクトだとします），

```
> library(glmmML)
> glmmML(cbind(y, 10 - y) ~ 1,
+ data = d,
+ family = binomial,
+ cluster = d$plant.ID)
```

と命じるだけで，いろいろな推定値，全個体共通部分の $\hat{\beta}=-0.0358$（個体差ゼロの個体の結実確率は $q(\hat{\beta})\approx0.491$），そして個体差のばらつき $\hat{\sigma}=1.37$

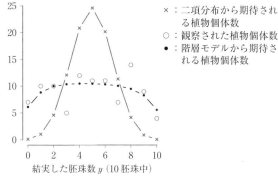

図6 観察結果と「個性」考慮モデル。

などが得られます(なお,この例題における "真の値" は $\beta=0, \sigma=1.5$)。これらを使って,観察データ(白丸)に統計モデルの予測(黒丸)

$$100 \int_{-\infty}^{\infty} f(y|q(\hat{\beta}+\alpha)) g_\alpha(\alpha|\hat{\sigma}) \, d\alpha$$

を重ねてみると図6のようになります。

結実確率に個体差を加えることで,観察された結実種子数の分布をよりよく説明できているような予測が得られました。つまり統計モデルの改善によって,「結実確率 $q(z)$ は 0.5 ぐらい」という全体の平均だけでなく,「$z=\beta+\alpha_i$ とすると,結実確率の個体差 α_i 全体のばらつき σ は 1.4 ぐらい」という個体差に関する知識も新しく獲得できました。必要とあれば,観察データと推定値 $\{\hat{\beta}, \hat{\sigma}\}$ を組み合わせることで図5のような個体ごとの α_i の事後分布も計算できます。

もうひとつの計算方法,MCMC法について簡単に紹介します。個体差を考慮したモデルがこの例題のように簡単なものであればよいのですが,現実のデータ解析ではもっとあちらこちらに個体差などが入った統計モデルを構築しなければならない状況が多くなります。個体差 α_i のたぐいがたくさん入った統計モデルでは α_i たちの積分計算は(計算量が増大するので)事実上不可能になり,経験ベイズ法ではパラメータの推定計算ができません。

より複雑な階層ベイズモデルをあつかう場合には MCMC 法によって，パラメータの事後分布をサンプルしていく方法が使われます[5][6][9][10]。本章では詳細は説明しませんが，[8]から推定計算のプログラム例をダウンロードできるようにしています。

個性の生態学と統計学

最後に少しだけ生態学的な話をしてみます。この解説では，図 2 に示されている架空植物の種子数の観測データにみられるパターンを説明するために個体 i の個体差 α_i を考慮した統計モデルを開発してきました。この個体差の正体って何なのでしょうか？

もしこれが架空植物ではなく，何か現実の植物だとすると，観察した個体ごとに体の大きさや年齢が違っているとか，個体ごとにもっている遺伝子が違っているという可能性はあります。これはいかにも個体差らしい要因です。ところがほかにも要因はいろいろと考えることができて，たとえばその植物個体が育っている場所の明るい・暗い，あるいは土壌中の栄養塩類の多い・少ないで結実確率が違っているのかもしれません。そうだとすると，これは個体差というよりむしろ場所差みたいなものでしょう。ともあれこういった個体差の原因になりそうなあれこれをことごとく観察データ化するなんてことは不可能です。

とくにこのような野外科学では観察できる項目が限定され，その観察の方針は「どういうパターンを説明したいのか？ そのためには，（これまでの知見から）どの要因が重要そうであり観察すべきなのか？」といった考えにもとづいています。だからといって，測定できなかった他のすべてを「何でも平均しておけばいいんでしょ？」なる発想で"なかったこと"にしてしまうのはまずいでしょう，というのが本章で説明したかったことです。

階層ベイズモデルの発展によって，"なかったこと"にされていた個体の差や場所の差が巧妙に統計モデル化できるようになってきました。個体差を

考慮した統計モデルの利点のひとつは，（マクロな）説明要因の推定と意味がより明確になることです（今回の例では平均的な結実確率はどう計算しても0.5ぐらいでしたが，個体差無視がパラメータの推定を偏らせる場合もあります[7]）。それだけでなく，いままで"なかったこと"あつかいだった（ミクロな）個体の差・場所の差などの事後分布も推定できてしまいます。こういった個性・個体差・場所差の推定結果の中にも，何か新しい発見につながる出発点があるのかもしれません。

参考文献
［1］ベゴン，M.，タウンゼンド，C. R.，ハーパー，J. L.(堀道雄監訳)，『生態学——個体から生態系へ（原著第4版）』，京都大学学術出版会，2013.
［2］石黒真木夫，松本隆，乾敏郎，田邉國士，『階層ベイズモデルとその周辺——時系列・画像・認知への応用』(統計科学のフロンティア4)，岩波書店，2004.
［3］Crawley, M. J., *Statistics: an introduction using R*, John Wiley & Sons, 2005.
［4］R Development Core Team, http://www.R-project.org/
　　Rは誰でも無料で自由に使えるフリーな統計ソフトウェア.
［5］伊庭幸人，『ベイズ統計と統計物理』(岩波講座物理の世界)，岩波書店，2003.
［6］伊庭幸人，種村正美，大森裕浩，和合肇，佐藤整尚，高橋明彦，『計算統計II——マルコフ連鎖モンテカルロ法とその周辺』，岩波書店，2005.
［7］久保拓弥・粕谷英一，「「個体差」の統計モデリング」，『日本生態学会誌』56: 181-190, 2006.
　　(http://eprints.lib.hokudai.ac.jp/dspace/handle/2115/26401 からダウンロード可能)
［8］http://hosho.ees.hokudai.ac.jp/~kubo/ce/SuSemi2007.html
［9］岩波データサイエンス刊行委員会編，『岩波データサイエンス』Vol. 1，岩波書店，2015.
［10］松浦健太郎，『StanとRでベイズ統計モデリング』，共立出版，2016.
［11］久保拓弥，『データ解析のための統計モデリング入門——一般化線形モデル・階層ベイズモデル・MCMC』(確率と情報の科学)，岩波書店，2012.

「個性」とパラメータの推定

　個体差や個人差，グループ間の差など，「個性」を無視してデータをまとめてしまうとパラメータ（第II部の用語でいう大域的なパラメータ）の推定がうまくいかなくなる簡単な例をあげておきます。より現実的な話は，次の丹後の解説や久保の解説の引用文献を参考にしてください。

　観測値 (x, y) の組からなるデータが4つのグループ（$j=1, 2, 3, 4$）からなっていて，それぞれのグループのデータの背後に

$$y = ax + b_j + \eta$$

という直線的な関係があるとします（ただし η は期待値ゼロのランダムな雑音）。ここで傾き a は全部共通ですが，切片 b_j はグループによって違います。また，データを解析する人は各観測値がそれぞれどのグループに属しているか知っているとします。

　さて，図1の左のようにグループごとに眺めれば，各グループの中で x と y に相関がありそうなことがわかります。ただし，各グループごとの観測の数は多くないので，グループごとにばらばらに直線をあてはめたのでは，傾きのばらつきが大きくなります。だからといって，図1の右のようにグループの情報を捨てて全部まぜてしまうと，全体がダンゴ状になって，相関らしいものはさっぱり見えなくなってしまいます（図1ではグループによって観測点の x の値が違っている効果も含まれていますが，同じ x の値で観測した場合でも，グループ差を無視することで相関係数が小さくなります）。

　これは，傾き a のような大域的なパラメータを誤差も含めて正しく効率的に推定するために「グループごとに異なる b_j を取り入れて，それらをゆるく関係付けて推定するモデル」が欲しくなるような最も簡単な状況だといえるでしょう。

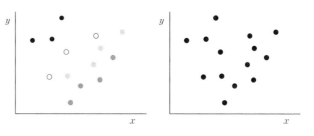

図1 (左)グループごとに分けた場合。グループによって点の色の濃さを変えた。(右)グループ分けの情報を捨ててすべて混ぜた場合。左と同じデータをすべて黒点であらわした。

ここで,賢明な読者は「階層ベイズモデルとか一般化線形混合モデルとか大げさなことを考えなくても,グループごとに適当な基準点(たとえばグループに所属するデータの x, y の平均値)を考えて,そこからの差をとってから,全体を混ぜて解析すればいいのでは?」と思われたかもしれません。この例ではほぼそのとおりです。

一般に個体差・個人差,グループ差などが邪魔をするときに使われる古典的な手法は「差や比などをうまくとって個体差や個人差を消してしまう」というやり方です。たとえば,医学統計などでよく使われる「対応のある検定」では,同じ人の処置前・処置後の差をとることで個体差や個人差を消してから解析します。しかし,問題がだんだん込み入ってくると「上手に消す」のは難しくなってきます。そういう場合には,無理に消去しようとせずに,まず「個体差・個人差,グループ差をあらわす直接観測されない変数」(第II部でいう局所的なパラメータ,分散分析でいうランダム効果を一般化したもの)をふんだんに使ってモデリングを行うことが考えられます。上の例では b_j がそれに相当します。そうやって導入した多数のパラメータを事前分布で縛っておいて,あとからマルコフ連鎖モンテカルロ法(MCMC)などで積分(周辺化)して消すわけです。これが,この種の問題での階層ベイズモデリングの考え方のあらすじです。

なお,階層ベイズモデリングに導く道としては,これ以外にも「個人差・個体差,グループ差」それ自体への興味があります。久保の解説でも少し触れていますが,より詳しくは丹後の解説「地域差をとりこんだ疾病リスクの推定」の部分や第II部の講義1などを参照してください。 (伊庭幸人)

個人差・地域差をとりこむ統計科学

医学分野の事例

丹後俊郎

　インフルエンザ罹患時における異常行動とタミフル服用との関係について大きく報道され社会的な関心を呼んだことは記憶に新しい。そもそも，「薬が効く」ということは必ずしも「病気が治る」という意味ではないし，すべての患者に一様に効くというわけでもない。同じ薬剤を同じ用法・用量で投与されたすべての患者が同じように反応することはきわめてまれで，早期に改善傾向を示す患者もいれば，残念ながら悪化してしまう患者もいる。しかも，どの患者がどちらの方向に反応するかは事前には予測が難しく，投与後の観察でしかわからないという「予測不可能な個人差」が存在するのである。このように，医学分野で遭遇する問題では，推定したい薬の効果を一定と考えるのは不自然で，個人によって変化する変量あるいは確率変数（random variable）と考えるのが自然な場合がある。

　このような問題に適切に対処するためには，性，年齢などのように個人によらず効果が一定と考えることが自然な母数効果（fixed-effects）と薬の効果のように個人によって変わる変量効果（random-effects）の二つに分類した混合モデル（mixed-effects model），あるいは，すべての要因効果に確率変数（事前分布）を仮定するベイズモデル（Bayes model）などでモデリングを行う必要がある。ここでは，3種類の具体的な医学分野の事例を通して個人差をとりこむ必要性とその方法を紹介しよう。

個人差をとりこんだ検診システム

読者の皆さんが具合を悪くして病院へ行くと，多くの場合，医師が指示した生化学検査や血液検査を受けることになる。その検査値が病的に高い値か低い値かを判断する「ものさし」が基準値である。この基準値は「健常者の約95% が含まれる」集団として設定された範囲である。

しかし，日常の診療の対象はもちろん集団ではなく，一人一人の患者個人である。ウィリアムス[1]が個人の生理的変動幅は集団のそれに比較して著しく狭いことを示して以来，多くの検査項目で無視できない個人差が明らかにされている。例えば，図1を見てみよう。ある検診センターにおいて

(1) 過去5年に毎年，計5回受診している

(2) 過去5年の平均年齢が40歳前後

(3) 5回とも臨床的に異常は認められなかった

の条件を満たす24名の男性について赤血球数の5回の測定値を平均値の小さい男性から順にプロットしたものである[2]。個人の生理学的な変動幅は集団の基準値の範囲よりかなり狭く，かつ個人差の大きいことを物語っている。

この個人差の大きさを考えるために，任意の個人の検査データの分布が適当な変数変換をすることで正規分布 $N(\mu_i, \sigma_i^2)$ にしたがうと仮定しよう。そうすると，個人差があるとは

$$H_0 : \mu_i = \mu_j, \quad \sigma_i^2 = \sigma_j^2$$

の帰無仮説が否定されることを意味する。平均値が異なるのは図1からも明らかであるが，分散の個人差は経験的に小さいことが知られている。そこで「個人内分散は近似的に等しい」という仮定のもとで個人差の評価方法を考えてみよう。x_{ij} を個人 i の j 回目の測定値とすると，次の線形変量効果モデル（linear random-effects model）が適用できる。

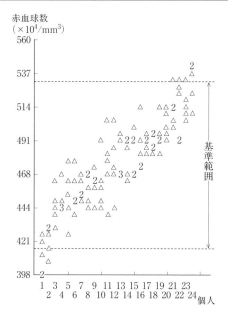

図1 ある検診センターを受診した24名の赤血球数の5回(年1回)の測定値の個人内変動を，平均値の小さい順にプロットした図。同じ値を示したものは "2" や "3" とプロットしている。[2]

$$x_{ij} = \mu_i + \varepsilon_{ij} = (\mu + \beta_i) + \varepsilon_{ij} \quad (1)$$
$$i = 1, ..., n\,(個人); \quad j = 1, 2, ..., r\,(反復)$$

ここに β_i は個人差を示す個人 i の変量効果で

$$\beta_i \sim N(0, \sigma_B^2) \quad (\sigma_B^2 は個人間分散)$$
$$\varepsilon_{ij} \sim N(0, \sigma_E^2) \quad (\sigma_E^2 は個人内分散)$$

であり，ε_{ij} は反復誤差である。反復誤差の分散 σ_E^2 は測定誤差の分散と個人内分散の和となるが，一般に測定誤差の分散は個人内分散に比べて小さいので σ_E^2 は事実上，個人内分散に等しくなる。

このモデルから集団の分散 σ^2 は

$$\sigma^2 = \sigma_B^2 + \sigma_E^2$$

であり，検査項目の個人差の大きさを評価するための「個人差指数」

$$\eta = \frac{\sigma_B}{\sigma_E}$$

が導入できる[2]。そして個人間，個人内の平均平方和をそれぞれ V_B, V_E とすると

$$V_B = \frac{r \sum_{i=1}^{n}(x_{i.}-\bar{x}_{..})^2}{n-1},$$

$$V_E = \frac{\sum_{i=1}^{n}\sum_{j=1}^{r}(x_{ij}-\bar{x}_{i.})^2}{n(r-1)}$$

であり，

$$E(V_B) = r\sigma_B^2+\sigma_E^2, \qquad E(V_E) = \sigma_E^2$$

となるので，

$$\hat{\sigma}_B = \sqrt{\frac{V_B-V_E}{r}}, \qquad \hat{\sigma}_E = \sqrt{V_E}, \qquad \hat{\eta} = \sqrt{\frac{F-1}{r}}$$

で推定される。ここで F は「個人差はない」という帰無仮説 $H_0: \sigma_B^2=0$ に対する自由度 $(n-1, n(r-1))$ の F 検定統計量である。帰無仮説の下で

$$\frac{V_B/(\sigma_E^2+r\sigma_B^2)}{V_E/\sigma_E^2} = \frac{F}{1+r\eta^2} \sim F_{n-1, n(r-1)}$$

となるから，上側 $100(\alpha/2)$% 点，$100(1-\alpha/2)$% 点をそれぞれ F_L, F_U とすると，$100(1-\alpha/2)$% 信頼区間は

$$\sqrt{\frac{1}{r}\left(\frac{F}{F_U}-1\right)} \leqq \eta \leqq \sqrt{\frac{1}{r}\left(\frac{F}{F_L}-1\right)}$$

と推定できる。図 1 の赤血球数の個人差指数は

$$\hat{\eta} = 2.05 \qquad (95\% \text{ 信頼区間：} 1.50\sim2.98)$$

と推定された。

さて，個人差指数を利用すると，よりきめ細かな(集団の)基準範囲の解釈が可能となることを示そう。集団の基準範囲は $\mu\pm1.96\sigma$ と定義でき，個人

i の基準範囲は $(\mu+\beta_i)\pm1.96\sigma_E$ と定義できる（β_i は未知）。したがって，集団の基準範囲の幅は個人のそれに比べて

$$\frac{\sigma}{\sigma_E} = \sqrt{1+\eta^2}$$

倍広いということがわかる。そこで，個人差指数が η である検査項目の検査値 X が

$$X-\mu = t\sigma \qquad (\mu, \sigma \text{ は既知})$$

である状況を考えてみよう。臨床的に重要なのは，この「検査値 X が集団の基準範囲の中に入っているか否かではなく，その個人の基準範囲の中に入っているか否か」である。

この確率を二つの場合に分けて求めてみよう。まず，**初診の場合**には，

$$P(t|\eta) = \int_{t\sigma-1.96\sigma_E}^{t\sigma+1.96\sigma_E} \phi(u|0, \sigma_B^2)du$$
$$= \Phi\left(\frac{t\sqrt{1+\eta^2}+1.96}{\eta}\right) - \Phi\left(\frac{t\sqrt{1+\eta^2}-1.96}{\eta}\right)$$

と計算できる。ここに，$\phi(u|0, \sigma_B^2)$ は平均 0，分散 σ_B^2 の正規分布の密度関数であり，$\Phi(\cdot)$ は $N(0, 1)$ の分布関数である。

次は，過去に **m 回の検診を受けている場合**で，測定値 $(X_1, ..., X_m)$ が存在し，すべて，「異常なし」と診断された状況を考える。この場合も，

$$X_k-\mu = t_k\sigma \qquad (k = 1, 2, ..., m, m+1)$$

とする。そうすると，個人の変量効果 $\beta_i=\mu_i-\mu$ に関する m 回の検診後の「事後分布」，つまり，$m+1$ 回目の検診の前の「事前分布」がベイズの定理より

個人差・地域差をとりこむ統計科学（丹後）　43

$$g(u|t_1, t_2, ..., t_m) = \frac{\phi(u|0, \sigma_B^2) \prod\limits_{k=1}^{m} \phi(t_k\sigma|u, \sigma_E^2)}{\int_{-\infty}^{\infty} \phi(v|0, \sigma_B^2) \prod\limits_{k=1}^{m} \phi(t_k\sigma|v, \sigma_E^2)dv}$$

$$= \phi(u|\mu^*, \sigma^{2*})$$

と計算できる。ここで,

$$\mu^* = \left(\frac{m\eta^2}{1+m\eta^2}\right)\bar{t}\sigma,$$

$$\sigma^{2*} = \left(\frac{m\eta^2}{1+m\eta^2}\right)\frac{\sigma_E^2}{m},$$

$$\bar{t} = \sum_{k=1}^{m} t_k \Big/ m$$

したがって,$X(=X_{m+1})$ が個人の基準範囲に入る確率は $t=t_{m+1}$ とおいて,

$$P(t|\eta, t_1, ..., t_m) = \int_{t\sigma-1.96\sigma_E}^{t\sigma+1.96\sigma_E} \phi(u|\mu^*, \sigma^{2*})du$$

$$= \Phi\left(\frac{(1+m\eta^2)(t\sqrt{1+\eta^2}+1.96)-m\bar{t}\eta^2\sqrt{1+\eta^2}}{\eta\sqrt{1+m\eta^2}}\right)$$

$$- \Phi\left(\frac{(1+m\eta^2)(t\sqrt{1+\eta^2}-1.96)-m\bar{t}\eta^2\sqrt{1+\eta^2}}{\eta\sqrt{1+m\eta^2}}\right)$$

となる。

　ここで導かれた「個人の基準範囲に入る確率」は検診センターなどでの活躍が期待される。たとえば,$\eta=2.0$ の検査項目で,「異常なしと判断された過去2回の検査値」が $t_1=1.4$, $t_2=2.0$ であったとしよう。もし今回の検査値が $t=1.6$ であれば,

$$P(t|\eta) = 0.206, \quad P(t|\eta, t_1, t_2) = 0.995$$

となり,初診と仮定した場合に比べて,健康であると判定できる確率がきわめて高いことがわかる。逆に $t=-1.6$ であれば

$$P(t|\eta, t_1, t_2) = 0.000$$

と，集団の基準範囲に入っているものの，その個人の基準範囲から下側に大きくずれていて異常だ(低値異常を示している)と判定できる．

個人差をとりこんだ治療効果の評価

ここでは，「てんかん患者」に対する治療薬 Progabide のプラセボ(偽薬)対照無作為化比較試験(randomized controlled trial)のデータ[3]をとりあげ，臨床試験の統計解析において個人差をとりこむ重要性を紹介しよう．そこでは，8 週間の治療前観察期間と無作為割り付け後の 8 週間の治療期間を想定し，発作回数を測定するデザインである．図 2 (左)は 58 例の治療前観察期間 8 週間の発作回数のヒストグラムである．

発作回数の平均は 29.2，分散は 479.0 (なお，後の解析の参考のために，発作回数の対数変換後の分散は 0.51)であった．発作回数 y に個人差がないと仮定し，すべての患者に共通な(1 週間当たりの)期待値 λ をもつポアソン分布を仮定することは明らかにデータに適合しない．なぜなら，ポアソン分布が成立する場合には，観察期間を T とすれば

$$\mathrm{Var}(y) = E(y) = \lambda T$$

となり分散と平均値は一致するはずであるが，この例では明らかに分散のほうが大きい．図 2 (右)の発作回数の分布と同じ平均をもつポアソン乱数の分

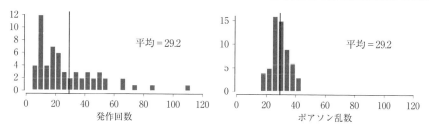

図 2　てんかん患者 58 例の治療前観察期間 8 週間における発作回数のヒストグラム．

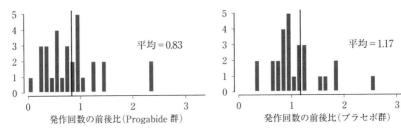

図3 Progabide群，プラセボ群それぞれに割り付けられた患者の発作回数の治療前後比のヒストグラム。

布を見れば一目瞭然である．したがって，前節と同様に発作回数の期待値に個人差があると考え，患者iの単位期間当たりの発作回数は期待値λ_iをもつポアソン分布にしたがうが，期待値λ_iは分布F_1にしたがう確率変数と仮定する統計モデルの方がより自然である．

$$g_1(\lambda_i) \sim F_1, \quad y_i|\lambda_i \sim \mathrm{Poisson}(\lambda_i T)$$

さて，治療薬Progabideは発作出現率の改善を目的としているので，治療薬の効果を評価するためには発作回数の治療前後の比を比較するのが自然であろう．

図3には，それぞれの群に割り付けられた患者ごとの発作回数の治療前後比のヒストグラムを示した．まず平均値だけを見れば，Progabide群，プラセボ群で0.83, 1.17となり，Progabide群はプラセボ群に比べて発作出現率は0.83/1.17=0.71倍，つまり，29%減少していることを示している．しかし，患者の反応は不均一であり，いずれの群でも発作出現率が改善している患者もいれば，悪化している患者もいて，その分布がProgabide群でわずかに左(改善する方向)にずれているだけである．この反応のバラツキが単なる誤差変動か，個人差による系統的変動を含むものなのかを検討するには，治療前後の比に関して個人差の可能性を考慮した統計モデルの導入が必要となる．

そこで，試験デザインを一般化する。全患者共通に治療前の観察期間と治療期間の観察期間は同じ T（週間）とし，n 例が Progabide 群へ，m 例がプラセボ群に割り付けられたとしよう。y_{0i} と y_{1i} を患者 i の治療前観察期間と治療期間の観察発作回数とし，患者番号 i については簡単のため最初の n 例が Progabide 群となるように並べ替えることにしよう。とすると，まず，治療前観察期間の発作出現率だけに個人差をとりこんだ統計モデルは

$$y_{0i}|\lambda_i \sim \mathrm{Poisson}(\lambda_i T), \qquad i=1, ..., n+m$$
$$y_{1i}|\lambda_i \sim \mathrm{Poisson}(\theta\beta\lambda_i T), \quad （\text{Progabide 群}）$$
$$y_{1i}|\lambda_i \sim \mathrm{Poisson}(\theta\lambda_i T), \quad （\text{プラセボ群}）$$

となる。ここに，θ はプラセボ群に共通な発現率の前後比，$\theta\beta$ は Progabide 群に共通な発現率の前後比である。したがって，興味ある仮説検定は Progabide のプラセボに対する薬剤効果を表す β に関する

$$H_0 : \beta = 1, \quad H_1 : \beta \neq 1$$

である。次に，治療前後の発作出現率の変化にも個人差をとりこんだモデルは

$$y_{0i}|\lambda_i \sim \mathrm{Poisson}(\lambda_i T), \qquad\qquad i=1, ..., n+m$$
$$y_{1i}|\lambda_i, \theta_i \sim \mathrm{Poisson}(\theta_i\beta\lambda_i T), \quad （\text{Progabide 群}）$$
$$y_{1i}|\lambda_i, \theta_i \sim \mathrm{Poisson}(\theta_i\lambda_i T), \quad （\text{プラセボ群}）$$

となる。ここに，θ_i は患者 i の発作出現率の治療前後の比で，たとえば分布 F_2 にしたがう確率変数

$$g_2(\theta_i) \cdot F_2$$

と表現できる。

これらのモデルは，統計ソフトウェア（たとえば，SAS の PROC GLIM-MIX）に標準装備されている一般化線形混合モデルの枠組みで統一的に表現できる。たとえば，後者のモデルで (λ_i, θ_i) の対数に 2 変量正規分布を仮定したモデルは次のように表現できる。

$$\log E(y_{ji}|b_{0i}, b_{1i}) = \log(T) + b_{0i} + b_{1i}x_{ji2} + \gamma x_{ji1}x_{ji2}$$
$$j=0, 1; \ i=1, ..., n+m, \qquad (2)$$

ここで，$b_{0i}=\log(\lambda_i)$, $b_{1i}=\log(\theta_i)$, $\gamma=\log(\beta)$ であり，

$$\begin{bmatrix} b_{0i} \\ b_{1i} \end{bmatrix} \sim N\left(\begin{bmatrix} \mu\lambda \\ \mu\theta \end{bmatrix}, \begin{pmatrix} \sigma_\lambda^2 & \sigma_{\lambda\theta}^2 \\ \sigma_{\lambda\theta}^2 & \sigma_\theta^2 \end{pmatrix} \right),$$

$$x_{ji1} = \begin{cases} 1, & \text{患者 } i \text{ が Progabide 群} \\ 0, & \text{患者 } i \text{ がプラセボ群} \end{cases},$$

$$x_{ji2} = \begin{cases} 1, & j=1 \ (治療期間)のとき \\ 0, & j=0 \ (治療前観察期間)のとき \end{cases},$$

とおける。

　このモデルの最尤解(推定値±推定誤差)は次の通りである。まず，個人差の有無を評価する分散成分がそれぞれ

$$\hat{\sigma}_\lambda^2 = 0.46 \pm 0.10, \qquad \hat{\sigma}_\theta^2 = 0.22 \pm 0.06$$

と推定され，高度に有意となっていることから両方の個人差の存在が確認できる($\hat{\sigma}_\lambda^2=0.46$ の値が前述のヒストグラムから求めた分散 0.51 に近いことに注意)。また共分散の推定値は $\hat{\sigma}_{\lambda\theta}^2=0.01 \pm 0.05$ とほとんど無視できる大きさであり，治療前観察期間の値と治療前後の変化の大きさは独立であることが推察される。このモデルでの薬剤効果は

$$\log(\hat{\beta}) = -0.33 \pm 0.15$$

と推定された。つまり，

$$\hat{\beta} = \exp(-0.33) = 0.72,$$

95% 信頼区間は

$$\exp(-0.33 \pm 1.96 \times 0.15) = 0.54 \sim 0.96$$

と推定される。薬剤効果の平均的な大きさは最初に述べた平均値だけの議論とほとんど変わらないが，個人差を考慮した統計モデルの導入により，薬剤効果の検定と信頼区間の推定が適切にできることが重要な点である。

地域差をとりこんだ疾病リスクの推定

最後に，地域差をとりこんだ市町村別疾病リスクの推定法を紹介しよう。公衆衛生分野では，市町村別の疾病状況を比較検討するために単純な「率」ではなく，年齢階級別の人口分布の違いを調整した指標がよく利用される。代表的な指標として，間接法と呼ばれる標準化死亡比 SMR（Standardized Mortality Ratio）がある。それは

$$\mathrm{SMR}_i = \frac{d_i}{\sum\limits_{j=1}^{J} n_{ij}P_{0j}} = \frac{d_i}{e_i}, \quad i=1, ..., m$$

P_{0j}：標準人口における j 年齢階級の死亡率
d_i：i 地域の観測総死亡数
n_{ij}：i 地域，j 年齢階級の人口
e_i：i 地域の期待死亡数

で表現される。その例として図 4（左）に北海道の市町村別女性の胃がんの SMR（1993〜97 年）の疾病地図（原図はカラーの 5 段階表示，ここでは白黒）を示す。

図 5（左）には SMR を x 軸に，期待死亡数を y 軸にした散布図を示す。図 4 からは SMR の変動が特定の地域に偏っているという系統的なものではなく，結構ランダムな変動として観察される。また，図 5 からは，期待死亡数つまり人口の少ない市町村で SMR が左右に激しく変動していることが観察される。つまり，人口格差の大きい市町村のデータに基づいて地域差の比較を行うためには年齢階級別の人口分布に加えて，「人口の大きさ」の調整が必要なことを教えている。

いま，i 地域（$i=1, 2, ..., m$）の死亡数を d_i，期待死亡数を e_i とおき，未

個人差・地域差をとりこむ統計科学（丹後）　49

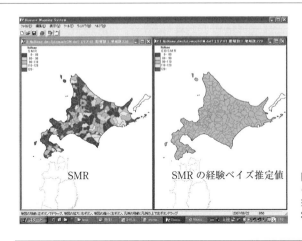

図4 1993〜97年の北海道の市町村別女性の胃がんの疾病地図。左はSMR，右はSMRの経験ベイズ推定値。

知の標準化死亡比を θ_i とする．各地域の死亡数は互いに独立にポアソン分布にしたがうと仮定し，期待死亡数に標準化死亡比をかけた $\theta_i e_i$ を期待値にもつポアソン分布，つまり

$$d_i \sim \mathrm{Poisson}(\theta_i e_i), \quad d_i = 0, 1, 2, ...$$

であると考える．このとき θ_i を母数効果と考えると，その最尤推定値が，

$$\widehat{\theta}_i = \frac{d_i}{e_i}$$

と導かれる．これがSMRである．しかしこの最尤推定値は図5(左)で見たように，人口の少ない，すなわち期待死亡数 e_i が小さいときにバラツキが大きくなり，SMRで地域差を比較することは適切な方法とはいえない．そこで，θ_i を変量効果と仮定しその事前分布を

$$\theta_i \sim g(\theta|\boldsymbol{\eta})$$

とおいてみよう．ベイズの定理より θ_i の事後分布は

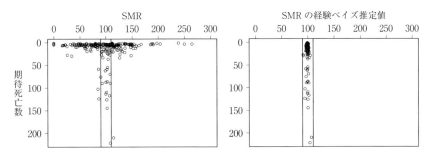

図5 1993〜97年の北海道の市町村別女性の胃がんの期待死亡数とSMRの散布図(左図),期待死亡数とSMRの経験ベイズ推定値との関連(右図)。

$$h(\theta_i|e_i, d_i, \boldsymbol{\eta}) = \frac{g(\theta_i|\boldsymbol{\eta})f(d_i|\theta_i, e_i)}{\int_0^\infty g(\theta|\boldsymbol{\eta})f(d_i|\theta, e_i)d\theta}$$

と計算できる。ここで $f(\cdot)$ はポアソン分布の密度関数である。SMR $(=\theta)$ の経験ベイズ推定値としては事後分布からの期待値を採用することができる。

$$\tilde{\theta}_i = E(\theta_i|e_i, d_i, \boldsymbol{\eta}) = \int_0^\infty \theta h(\theta|e_i, d_i, \boldsymbol{\eta})d\theta$$

このとき問題となるのは,
 1) 事前分布の選定
 2) パラメータ $\boldsymbol{\eta}$ の扱い
の二つである。θ の事前分布としては古典的には $\boldsymbol{\eta}=(\alpha, \beta)$ としたガンマ分布

$$g(\theta|\alpha, \beta) = \frac{\beta(\beta\theta)^{\beta-1}\exp(-\beta\theta)}{\Gamma(\alpha)}$$

$$E(\theta) = \frac{\alpha}{\beta}, \qquad \mathrm{Var}(\theta) = \frac{\alpha}{\beta^2}$$

がよく用いられる。その理由は,ガンマ分布がポアソン分布に対して共役事前分布(conjugate prior distribution)であること,つまり,

$$h(\theta_i|e_i, d_i, \alpha, \beta) = g(\theta_i|\alpha+d_i, \beta+e_i)$$

のように事後分布もガンマ分布になるため，計算上大変便利だからである。このモデルをポアソン-ガンマモデルという。パラメータ $\boldsymbol{\eta}$ の扱いについては，母数効果と考え，データ（死亡数 d_i）の周辺尤度

$$\prod_{i=1}^{m} \Pr\{d_i|e_i, \boldsymbol{\eta}\} = \prod_{i=1}^{m} \int_0^\infty g(\theta|\boldsymbol{\eta})f(d_i|\theta, e_i)d\theta$$

から推定する経験ベイズモデル（Empirical Bayes model）を採用することができる。この場合，死亡数 d_i の周辺尤度が負の二項分布となることに注意したい。

周辺尤度にもとづく最尤推定値 $(\hat{\alpha}, \hat{\beta})$ を用いて，SMR の経験ベイズ推定値は

$$\tilde{\theta}_{EB,i} = \frac{\hat{\alpha}+d_i}{\hat{\beta}+e_i}$$

と求めることができる。図4（右）に SMR の経験ベイズ推定値による疾病地図を示したが，図5（右）に散布図を示したように，すべての市町村の経験ベイズ推定値が5段階表示の真ん中のカテゴリー「90～110」に落ちたので，疾病地図の色は同一色となりまったく変化のない疾病地図となる。つまり，SMR の疾病地図に見られた地域差は人口の少ない地域でのサンプリング誤差にもとづく見かけの地域差であると解釈できる。

さて，上記のポアソン-ガンマモデルでは，共役な事前分布を仮定している点で計算と解釈が容易であるという利点があった。少し専門的な踏みこんだ話になるが，各地域の相対リスクは独立であるという仮定があるため，「近隣地域では相対リスクが類似している」という自然な空間相関（spatial correlation）を導入した回帰モデル[4]，あるいは，共変量を調整した回帰モデルなど，より柔軟な回帰モデルを表現するには十分なモデルとは言えない。回帰モデルを表現するには，θ_i に関する対数正規線形モデルを適用するのが便利である。

$$d_i \sim \text{Poisson}(e_i \theta_i)$$

$$\log \theta_i = \xi_0 + \sum_{v=1}^{p} \xi_v x_{iv} + \varepsilon_i, \ \ \varepsilon_i \sim N(0, \sigma_\varepsilon^2) \tag{3}$$

ここで，ε_i は独立な地域差を表す確率変数である。

階層ベイズモデル

これまで解説した三つの事例の核となる一般化線形混合モデル(1)～(3)では，変量効果に仮定した確率分布の平均値，分散などのパラメータは「定数」と考えて観測データから推定した。たとえば，線形変量モデル(1)の個人間分散 σ_B^2，一般化線形混合モデル(2)では $(\beta, \sigma_\lambda^2, \sigma_\theta^2, \sigma_{\lambda\theta}^2)$，経験ベイズモデルでの (α, β)，あるいは $(\xi_0, ..., \xi_p, \sigma_\varepsilon^2)$ である。しかし，すべてのパラメータを「確率変数」と考えるベイジアンの立場からは，データからだけで推定することはパラメータの変動性を十分に考慮している方法とはいえない。ベイジアンでは，モデルに含まれるパラメータそれぞれに独立に事前分布を仮定し，パラメータの変動性を最大限に考慮した階層ベイズモデル(hierarchical Bayes model)の適用を考えることになる。

従来，ベイズモデルの適用の障害となってきた事後分布の計算に含まれる多重積分の計算が，最近では，擬似乱数にもとづくマルコフ連鎖モンテカルロ(Markov Chain Monte Carlo＝MCMC)法の進化により容易に計算できるようになった。例として，治療薬 Progabide の有効性を評価するモデル(2)を階層ベイズモデルで表現すると次のようになる。

$$y_{ji} \sim \text{Poisson}(\mu_{ji})$$

$$\log \mu_{ji} = \log(T) + b_{0i} + b_{1i} x_{ji2} + \gamma x_{ji1} x_{ji2}$$

$$b_{0i} \sim N(\mu_\lambda, \sigma_\lambda^2), \ \ b_{1i} \sim N(\mu_\theta, \sigma_\theta^2)$$

ここで，確率変数であるパラメータの事前分布は「無情報ぶり」を示すため

$$\gamma, \ \mu_\lambda, \ \mu_\theta \sim N(0, 100^2)$$

$$1/\sigma_\lambda^2, \ 1/\sigma_\theta^2 \sim \text{Gamma}(0.001, 0.001)$$

のようにおく。

ベイズモデルにおける点推定は事後分布の期待値(マルコフ連鎖の乱数列の平均値)で計算するのが一般的である。MCMC 法を利用した階層ベイズモデルを実行する統計ソフトウェアとして WinBUGS, OpenBUGS が世界的に有名である[6]。

おわりに

統計学の教科書では，よく

無作為に抽出されたサイズ n の標本に対して，$(X_1, ..., X_n){\sim}N(\mu, \sigma^2)$

という書き方をする。ここでは，$X_1, X_2, ...$ は単なる「繰り返し」を意味するだけである。しかし，これが医学分野のデータであれば，$X_1, X_2,$ ... は単なる繰り返しではなく，n 例の個体(個人)から測定された一組の観測値を意味する。無視できない個性がある場合には，$X_i{=}\mu{+}\varepsilon_i$ などという没個性的なモデリングでは適切な問題解決にはつながらない。個性をいかにモデリングするか？ これが，これからの統計科学に求められている。

参考文献
[1] Williams, R. J., *Biochemical Individuality*, Wiley, 1956.
[2] Tango, T., *An interpretation of normal ranges based on a new concept "Individual difference quotient" of clinical laboratory data*, Medical Informatics 6, 161-174, 1981.
[3] Diggle, P. J., Heagerty, P., Liang, K.-Y. and Zeger, S. L., *Analysis of Longitudinal Data*, 2nd ed., Oxford University Press, 2002.
[4] 丹後俊郎，横山徹爾，高橋邦彦，『空間疫学への招待——疾病地図と疾病集積性を中心として』(医学統計シリーズ 7)，朝倉書店，2007.
[5] 丹後俊郎，『統計モデル入門』(医学統計シリーズ 2)，9 章：Bayes 推測，10 章：Markov Chain Monte Carlo，朝倉書店，2000.
[6] 丹後俊郎，Taeko Becque，『ベイジアン統計解析の実際——WinBUGS を利用して』(医学統計シリーズ 9)，朝倉書店，2011.

全体モデルから局所モデルへ
状態空間モデルとシミュレーション

樋口知之

　バブルが崩壊してはや30年近く，またリーマンショックからも10年ほど経つが，この30年の経済状況の変遷をみるだけでも，固定したモデルで長期間の経済のダイナミクスを表現することには無理があり，時代時代にあったモデルがその瞬間においては役立つことは明らかであろう。しかしながら，このような時間的に局在化した，いわば局所モデルをうまく使いこなすことで，もっと長期間にわたって利用できるモデルを実はつくることができる。経済の例でいえば，好景気モデル，不景気モデル，その中間体といったような異種のモデルを時間軸に沿ってうまくつなぎ合わせたり，あるいはモデルに内在するパラメータを時間とともに連続的に変化させるのである。ではいったいどのようにして局所モデルにもとづいて全体を記述するモデルを構成するのか，以下に示していきたい。

　本章ではまず，東京の気温データを取り上げながら，少数の固定したパラメータをもつ統計モデルでデータから意味をくみ取る，いわば全体モデルを用いたデータ解析から話をスタートする。次に，時間的に局在化した情報を取り出すために局所線形モデルを導入し，さらにそれを非線形に拡張することでモデルの表現力が豊かになることを見ていく。この局所非線形モデルは確率差分方程式で通常与えられ，等式で表現される制約条件からの確率的なずれを許容する"柔らかな"モデルである。さらに，確率的な揺らぎを生み

出すノイズ項が従う分布形を，ガウス分布でない，つまり非ガウス分布にまで一般化することで，ジャンプや異常値といった，まれに生起する確率事象を上手に取り扱うことができるようになる。このようなガウス分布に従うノイズ項によっては表現ができない特性を非ガウス性と呼ぶ。

これら一連の時系列モデルは，一般状態空間モデルと呼ぶ統一的な枠組みで記述可能である。粒子フィルタは，この一般状態空間モデルの数値的解法に提案されたもので，一般状態空間モデルの持つ非線形・非ガウス性を忠実に取り扱っていることと計算機実装の著しい簡便さから，幅広い研究領域において活用されている。現に，時々刻々かわる環境に適応的な判断が求められるさまざまな情報処理分野，例えばロボティクス，ITS(高度交通システム)，ファイナンス，マーケティング等で実用化が進んでいる。

また，この粒子フィルタの枠組みに計算機シミュレーションはすっぽりとはまりこむのである。今，シミュレーションモデルに含まれる変量で構成される位相空間を考えてみる。シミュレーションの数値解をこの空間にプロットすると，初期値・境界条件をあたえた時点では点であったものが計算時間とともに成長する"ひも"になる。これをパス(軌跡)と呼ぶことにする。ここで初期値や境界条件を変更すると，シミュレーション結果は先ほどのものと異なり，結果として違った軌跡を位相空間内に描くことになる。シミュレーションを用いた研究では，初期値，境界条件，パラメータなどに不確実性が存在したなら，それらに対しいろいろな値を設定し，多数のシミュレーション実験の結果を見ることは普通に行われていることである。そうすると，シミュレーションの時間発展解は単一パスからマルチパスに変わることになる。パスの計算をしらみつぶしに行うのは不可能であるから，現実には，限られた本数のパスでもって解の多様性(あるいは安定性)を探る作戦が必要となる。

そこで登場するのがデータである。観測データはシミュレーション内の変量を，直接あるいは間接的に，ごく一部でも観測したものであるから，シミュレーションのパスの選択に有益な指針を与えてくれるであろう。また本当

に実際の現象を上手に表現する"実世界シミュレーション"を実現するには，シミュレーション内の諸変量をデータと照らし合わせていくことは当然必要である。粒子フィルタはこの照合作業を統一的にかつ合理的に行うのに最適な枠組みを与えるのである。すでに，粒子フィルタを包含するデータ同化と呼ばれる計算技術が，大規模な大気・海洋シミュレーションを用いた地球環境の高精度の予測に大活躍している。そこでは，シミュレーション結果を人工衛星などで得られたデータと高頻度・高空間精度で照合し，シミュレーションモデルに内在する不確かさを推測・検討することがごく当たり前に行われている。

全体モデルから局所モデルへ

図1に示したグラフは，東京の年平均気温の1881年からの126年間の経年変化である（データソース：NASA GISS Surface Temperature Analysis）。今データ数をN個として（図1の場合，$N=126$），まとめてデータセット$Y=(y_1, y_2, ..., y_N)$と記すことにする。nは1881年を$n=1$としたときに何年目であるかを示す。図から気温が増加傾向であるのは一目瞭然なのだが，その傾向具合を定量的に把握するために，直線$a \cdot n + b$を当てはめてみる。直線と観測値の差分項をw_nとし，それは平均0，分散σ^2のガウス分布に従うものと仮定する：$w_n \sim N(0, \sigma^2)$。これは，データy_nを平均$\mu_n = a \cdot n + b$，分散σ^2のガウス分布からのN個の独立なサンプルと見なしたことと等価なので，データセットYの確率は

$$p(Y|\boldsymbol{\theta}) = \prod_{n=1}^{N} \left(\frac{1}{2\pi\sigma^2} \right)^{1/2} \exp \left\{ -\frac{1}{2\sigma^2} (y_n - a \cdot n - b)^2 \right\} \quad (1)$$

となる。今ここで未知のパラメータをベクトル$\boldsymbol{\theta}=(a, b, \sigma^2)^T$とまとめて表記した（$T$は転置をあらわす）。データセット$Y$は所与であるので，式(1)は$\boldsymbol{\theta}$の関数となる。これを統計では尤度関数と呼び，尤度関数あるいは対数尤

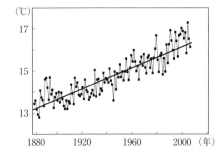

図1 東京の126年間の気温変化。太線はこのデータに最尤法でもって当てはめた直線を示す。

度関数の最大化により θ の値を定める。この尤度最大化法(最尤法)で求めたパラメータ値をもつ直線を図1に太線で示した。

よくデータをみると直線の傾きは一定でないようだ。たしかに1980年以降の傾きはそれ以前よりも急峻であるかに見える。そこで，データ全体に対して一直線のモデルを当てはめるのではなく，μ_n に対して次のような"局所的にほぼ直線"を表現する，もっと柔らかなモデルを採用することにする。

$$\mu_n = 2\mu_{n-1} - \mu_{n-2} + v_n, \quad v_n \sim N(0, \tau^2) \quad (2)$$

v_n は連続する3点の一直線からのずれを表すノイズ項である。ここで，初期値 (μ_{-1}, μ_0) は，平均ベクトル $(y_1, y_1)^T$，対角成分のみ大きい値をもつ共分散行列で規定される多次元ガウス分布に従うものとする。

実現される μ_n の挙動を決めるのは，2種類のノイズの分散比，$\lambda = \dfrac{\tau^2}{\sigma^2}$ である。λ が与えられれば，μ_n は次節で与える μ_n の分布に関する漸化式により定めることができる。$\lambda=0$ だと実現される μ_n はデータ全体で一直線となるが，一方 $\lambda=+\infty$ ($\sigma^2 \to 0$) では完全にデータに追随し，結果として一直線とはまったく言えなくなる。このような理由から，"ほぼ"といったわけである。図2(左)に λ が極端に小さいときと大きいときの μ_n を細線と太線で各々示した。データに最適な λ の値は，次節で説明する尤度を最大化することで決めることができる。そのときの μ_n の値を図2(右)に細い曲線で，

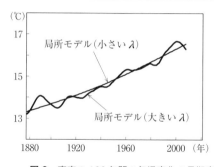
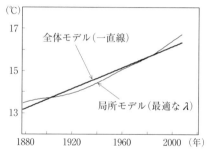

図2 東京の126年間の気温変化の長期変動傾向の様子。
左：細線は λ の値が小さいとき，また太線は大きいときの μ_n を示す．右：極細線は最尤法で決めた λ の μ_n．なお太線は，最尤法で決めたパラメータをもつ直線．

図1の最尤法でもとめた直線とあわせて示した．このデータの場合は，直線に比較的近い μ_n が最適となり，また全体モデル(一直線)からはとらえることができない，1980年代以降の気温増加率の上昇が，局所モデルを投入することで自然にデータから浮かび上がってくる様子がわかる．

μ_n に関するモデル(2)と観測モデル $y_n = \mu_n + w_n$ は，

$$\boldsymbol{x}_n = (\mu_n, \mu_{n-1})^T, \quad \boldsymbol{v}_n = (v_n),$$
$$\boldsymbol{y}_n = (y_n), \quad \boldsymbol{w}_n = (w_n)$$

と置くことにより，一般状態空間モデルと呼ぶ，以下のようなシステムモデルと観測モデルの二つの確率(差分)方程式で表せる．

$$\boldsymbol{x}_n = F_n(\boldsymbol{x}_{n-1}, \boldsymbol{v}_n) \quad [システムモデル] \qquad (3)$$
$$\boldsymbol{y}_n = H_n(\boldsymbol{x}_n, \boldsymbol{w}_n) \quad [観測モデル] \qquad (4)$$

初期分布 $p(\boldsymbol{x}_0)$ としては，適当な分布 $p_0(\boldsymbol{x})$ を仮定する．この一般状態空間モデルは，多次元の観測値ベクトル量を $\boldsymbol{y}_n$ とし，またこの観測値に関連した，観測値を表現するのに必要な変量を一つのベクトルに納めたものを $\boldsymbol{x}_n$ とした上で，これらの確率変数間の関係をシステムモデルと観測モデルの二式で表したものである．この $\boldsymbol{x}_n$ は状態ベクトルと呼ばれ，観測することはできない量(統計では潜在変数という)である．また，その各要素を状態

変数と呼ぶ。F_n および H_n は一般には行列ではなく，各々時刻 n に依存した非線形関数である。またシステムノイズベクトル v_n と観測ノイズベクトル w_n は，それぞれ密度関数 $q(v|\theta_{sys})$ および $r(w|\theta_{obs})$ に従う白色雑音である。これらの分布にガウスという制約はない。また，θ_{sys} や θ_{obs} は，各分布を記述するのに必要なパラメータベクトルである。

さて，局所的増減値が，都市のヒートアイランド化の効果で増幅されるような，局所非線形モデルを考えるのもおもしろい。その場合，観測できない量 ρ_n を導入し，またその時間発展に対しては特別のモデルがないので，離散時間ランダムウォークを仮定してみる。するとこれらは

$$\mu_n = \alpha_1 \mu_{n-1} + \exp(\alpha_2 \rho_{n-1}) \cdot \{\mu_{n-1} - \mu_{n-2}\} + v_{\mu,n},$$
$$v_{\mu,n} \sim N(0, \tau_\mu^2) \tag{5}$$

$$\rho_n = \rho_{n-1} + v_{\rho,n},$$
$$v_{\rho,n} \sim N(0, \tau_\rho^2) \tag{6}$$

と表せ，

$$\boldsymbol{x}_n = (\mu_n,\ \mu_{n-1},\ \rho_n)^T,$$
$$\boldsymbol{v}_n = (v_{\mu,n},\ v_{\rho,n})^T$$

と置くことによりやはり一般状態空間モデルで記述できる。

逐次ベイズフィルタ

式 (3) や (4) で関係式が与えられるときには，状態ベクトルの分布に関して非常に便利な漸化式が存在する。これ以後 $z_{1:n}$ は，最初の時刻から時刻 n までのベクトル z をすべて並べた量とする。この漸化式を理解する上で，

表1　条件付き分布の解説：毎年データを例に

呼　称	予　測	フィルタ	平滑化
表　記	$p(\boldsymbol{x}_n|\boldsymbol{y}_{1:n-1})$	$p(\boldsymbol{x}_n|\boldsymbol{y}_{1:n})$	$p(\boldsymbol{x}_n|\boldsymbol{y}_{1:N})$
使うデータ	昨年まで	今年まで	数年後まですべて

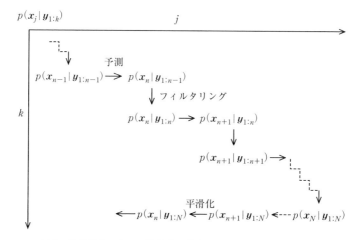

図3 状態推定のための漸化式の模式図。→, ↓, ←はそれぞれ一期先予測, フィルタリング, 固定区間平滑化の操作を表す。

表1にまとめた三つの条件付き分布を考えればよい。一つは予測分布といわれるものである。これまで使った例の場合では、昨年 $n-1$ までのデータ $y_{1:n-1}$ に基づいた今年の状態ベクトル x_n の分布が、予測分布 $p(x_n|y_{1:n-1})$ である。$y_{1:n-1}$ が所与であるとの制約が、条件付き分布という所以である。一つデータが新しく手元に増え、今年までのデータに基づいた今年の状態ベクトルの分布が、フィルタ分布 $p(x_n|y_{1:n})$ である。すべて手元にデータがあるもとでの今年の状態ベクトルの分布が、平滑化分布 $p(x_n|y_{1:N})$ である。

この三つの分布間には便利な漸化式の存在が知られている。結果だけをまとめて図式化したものが図3である。以下に簡単に説明してみたい。

(1) 一期先予測

まず手元に、去年のフィルタ分布 $p(x_{n-1}|y_{1:n-1})$ があるものとする。このフィルタ分布が与えられると、予測(prediction。図3中では→で示される)の操作でもって、今年の予測分布 $p(x_n|y_{1:n-1})$ が計算できる。式で書け

ば

$$p(\boldsymbol{x}_n|\boldsymbol{y}_{1:n-1}) = \int p(\boldsymbol{x}_n|\boldsymbol{x}_{n-1})p(\boldsymbol{x}_{n-1}|\boldsymbol{y}_{1:n-1})d\boldsymbol{x}_{n-1} \qquad (7)$$

$p(\boldsymbol{x}_n|\boldsymbol{x}_{n-1})$ は一般状態空間モデルのシステムモデル，つまり式(3)と $\boldsymbol{v}_n \sim q(\boldsymbol{v}|\boldsymbol{\theta}_{sys})$ から定められる。

（2）フィルタリング

今年の予測分布が得られると，今年のデータ $\boldsymbol{y}_n$ が入ってきて，ベイズの定理に基づくフィルタリング(filtering。図3中では↓で示される)と呼ばれる計算を行い，今年のフィルタ分布 $p(\boldsymbol{x}_n|\boldsymbol{y}_{1:n})$ が得られる。式で書けば

$$p(\boldsymbol{x}_n|\boldsymbol{y}_{1:n}) = \frac{p(\boldsymbol{y}_n|\boldsymbol{x}_n)p(\boldsymbol{x}_n|\boldsymbol{y}_{1:n-1})}{p(\boldsymbol{y}_n|\boldsymbol{y}_{1:n-1})} \qquad (8)$$

ただし，

$$p(\boldsymbol{y}_n|\boldsymbol{y}_{1:n-1}) = \int p(\boldsymbol{y}_n|\boldsymbol{x}_n)p(\boldsymbol{x}_n|\boldsymbol{y}_{1:n-1})d\boldsymbol{x}_n$$

である。

また，$p(\boldsymbol{y}_n|\boldsymbol{x}_n)$ は式(4)と $\boldsymbol{w}_n \sim r(\boldsymbol{w}|\boldsymbol{\theta}_{obs})$ から定まる。この操作を最後のデータまで(図では右下まで階段を降りるように)繰り返せば，すべてのデータ $\boldsymbol{y}_{1:N}$ に基づいた最後の時点の状態ベクトルのフィルタ分布 $p(\boldsymbol{x}_N|\boldsymbol{y}_{1:N})$ が得られる。

（3）固定区間平滑化

今度は平滑化アルゴリズム(smoothing。図3中では←で示される)という操作によって，逆向きに逐次的に推定していく。具体的に言えば，$p(\boldsymbol{x}_N|\boldsymbol{y}_{1:N})$ から平滑化アルゴリズムにより $p(\boldsymbol{x}_{N-1}|\boldsymbol{y}_{1:N})$ を求め，次に $p(\boldsymbol{x}_{N-1}|\boldsymbol{y}_{1:N})$ から $p(\boldsymbol{x}_{N-2}|\boldsymbol{y}_{1:N})$ を計算，といったふうに順次計算していく。式で書けば

$$p(\boldsymbol{x}_n|\boldsymbol{y}_{1:N}) = p(\boldsymbol{x}_n|\boldsymbol{y}_{1:n}) \cdot \int \frac{p(\boldsymbol{x}_{n+1}|\boldsymbol{y}_{1:N})p(\boldsymbol{x}_{n+1}|\boldsymbol{x}_n)}{p(\boldsymbol{x}_{n+1}|\boldsymbol{y}_{1:n})}d\boldsymbol{x}_{n+1} \quad (9)$$

このように予測，フィルタリング，そして平滑化アルゴリズムの三つの操作で，いわば"情報のバケツリレー"をしていけば，状態ベクトルのあらゆる条件付き分布 $p(\boldsymbol{x}_j|\boldsymbol{y}_{1:k})$ が理論的には厳密に求められる。j と k は 1 から N の間の任意の整数である。ここでいずれの式においても，状態ベクトルの次元の積分が必要であることに注意してもらいたい。

またパラメータ $\boldsymbol{\theta}$ は，データセット $\boldsymbol{y}_{1:N}$ の尤度が

$$p(\boldsymbol{y}_{1:N}|\boldsymbol{\theta}) = p(\boldsymbol{y}_N|\boldsymbol{y}_{1:N-1}, \boldsymbol{\theta})p(\boldsymbol{y}_{1:N-1}|\boldsymbol{\theta}) \qquad (10)$$

と分解できることを逐次的に適用し，その対数尤度

$$l(\boldsymbol{\theta}) = \log p(\boldsymbol{y}_{1:N}|\boldsymbol{\theta}) = \sum_{n=1}^{N} \log p(\boldsymbol{y}_n|\boldsymbol{y}_{1:n-1}, \boldsymbol{\theta}) \qquad (11)$$

を最大化することで求めることができる。なお，$\boldsymbol{y}_{1:0}=\varnothing$（データがまったくないもの）と定義する。また，$p(\boldsymbol{y}_n|\boldsymbol{y}_{1:n-1}, \boldsymbol{\theta})$ は式(8)の分母として既出である。

モンテカルロ近似と粒子フィルタ

理論的には図3で説明したように計算を実行すればよいのであるが，実際にコンピュータの上で実現するには解決しなければならない重大な問題が残っている。まず，一般状態空間モデルにおいては条件付き分布 $p(\boldsymbol{x}_j|\boldsymbol{y}_{1:k})$ はあらゆる形状を示す可能性があるため，解析関数を利用した表現は無理である。そのため，状態ベクトルが高次元の場合どのように表現するかが大問題である。また，逐次式で出てくる状態ベクトルの次元の積分にもうまく対処しなければならない。

超高次元の $p(\boldsymbol{x}_j)$ の表現をコンピュータ上で可能にしつつ，逐次更新式の実現もシンプルになる表現法などあるのだろうか？ 長年その解決に真正

面から取り組むことは無意識に避けられてきたが，実は究極の近似，モンテカルロ近似で達成できることが 25 年ほど前に分かった。条件付き分布を，そこから得られたとみなす独立な多数の実現値（たとえば，数百〜100 万個）でもって近似すればいいのである。この場合，この一つ一つの実現値を"粒子"と呼ぶ。その様子を，状態ベクトルの次元が 1 次元の場合に模式的に図 4 に示した。示した分布が表現したい条件付き分布である。図の見やすさのために，極端に粒子数$(m=10)$を減らしてある。

予測分布 $p(\boldsymbol{x}_n|\boldsymbol{y}_{1:n-1})$ は

$$X_{n|n-1} = \left\{ \boldsymbol{x}_{n|n-1}^{(1)}, \boldsymbol{x}_{n|n-1}^{(2)}, \cdots, \boldsymbol{x}_{n|n-1}^{(i)}, \cdots, \boldsymbol{x}_{n|n-1}^{(m)} \right\}$$

の m 個の実現値でもって表し，またフィルタ分布 $p(\boldsymbol{x}_n|\boldsymbol{y}_{1:n})$ は

$$X_{n|n} = \left\{ \boldsymbol{x}_{n|n}^{(1)}, \boldsymbol{x}_{n|n}^{(2)}, \cdots, \boldsymbol{x}_{n|n}^{(i)}, \cdots, \boldsymbol{x}_{n|n}^{(m)} \right\}$$

でもって近似表現される。ここで $\boldsymbol{x}_{j|k}^{(i)}$ の下付き添え字において，バーの左側の j は時刻 j の状態ベクトルであることを示す。一方，その右側の k は，状態ベクトルの推定に利用した観測データの最後の時刻が k であることを示す。つまり，データ $\boldsymbol{y}_{1:k}$ が所与のもとでの，時刻 j の状態ベクトルの推定となっていることを意味する。上付き添え字の (i) は，i 番目の粒子であることを意味する。以下，予測分布およびフィルタ分布を近似する粒子を，それぞれ予測粒子およびフィルタ粒子と簡単に呼ぶことにする。

$p(\boldsymbol{x}_j)$ が粒子近似された設定では，逐次更新式は著しく簡単なアルゴリズムになる。導出は比較的簡単で，予測分布やフィルタ分布の粒子による近似式

$$p(\boldsymbol{x}_n|\boldsymbol{y}_{1:n-1}) \cong \frac{1}{m} \sum_{i=1}^{m} \delta(\boldsymbol{x}_n - \boldsymbol{x}_{n|n-1}^{(i)}) \tag{12}$$

$$p(\boldsymbol{x}_n|\boldsymbol{y}_{1:n}) \cong \frac{1}{m} \sum_{i=1}^{m} \delta(\boldsymbol{x}_n - \boldsymbol{x}_{n|n}^{(i)}) \tag{13}$$

を式(7)および(8)に入力するだけでよい。$X_{n|n-1}$ および $X_{n|n}$ は，以下のア

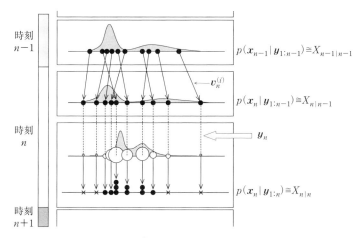

図4 粒子フィルタの1ステップの概略図。最上段の図は，時刻 $n-1$ のフィルタ分布とそれを近似する粒子群を，また中段パネルは時刻 n の予測分布とそれを近似する粒子群を示す。上段の粒子一つ一つに対して，システムノイズの分布から発生したシステムノイズボールがぶつかり，時間発展方程式 F_n に従って中段の粒子が形成される。最下段の図は，時刻 n のフィルタ分布とそれを近似する粒子群を表す。新しいデータ y_n が得られると，最下段の図の上部の丸印の大きさで表されたデータへの適合度が計算され，その適合度に応じて最下段の粒子群が再生産される。

ルゴリズムに従って，逐次的に求めることができる。

このアルゴリズムの概要を図4に示した。最上段の図に示した粒子群がこの各フィルタ粒子 $\boldsymbol{x}_{n-1|n-1}^{(i)}$ である。時刻 $n-1$ の各フィルタ粒子 $\boldsymbol{x}_{n-1|n-1}^{(i)}$ に対して，ノイズ分布 $q(\boldsymbol{v})$ から発生したシステムノイズボール $\boldsymbol{v}_n^{(i)}$ をぶつけ，非線形発展方程式 F_n でもって状態を更新する（中段の図）。得られた予測粒子 $\boldsymbol{x}_{n|n-1}^{(i)}$ の時刻 n のデータへの適合度，つまり各粒子の尤度（質量と思えば以降わかりやすい）を

$$s_n^{(i)} = r\left(\boldsymbol{w}_n^{(i)} \middle| \boldsymbol{\theta}_{obs}\right) \cdot \left|\frac{\partial \boldsymbol{w}_n}{\partial \boldsymbol{y}_n}\right| \qquad (14)$$

でもって評価する。ここで $\boldsymbol{w}_n^{(i)}$ は，式(4)から定まる $\boldsymbol{y}_n$ と $\boldsymbol{x}_n$ から $\boldsymbol{w}_n$ を求める逆関数 H_n^{-1} を用いて，

$$w_n^{(i)} = H_n^{-1}(\boldsymbol{x}_{n|n-1}^{(i)}, \boldsymbol{y}_n)$$

で求まる量である。各粒子の適合度の大きさを，最下段の図の上部に粒子の大きさで模式的に示した。規格化した尤度

$$\tilde{s}_n^{(i)} = \frac{s_n^{(i)}}{\sum\limits_{i=1}^{m} s_n^{(i)}}$$

の確率で予測粒子をリサンプリング（復元抽出）し，得られた粒子を時刻 n のフィルタ粒子とする。そのパネルの両端に×印で示したように，適合度が悪いとその粒子は死滅する可能性が高い。一方，適合度が高いと分裂して仲間を増やす。図の真ん中あたりに，団子を重ねたように示したものは，同じ粒子が三つ，あるいは二つに分裂して分身を増やした姿である。この操作を繰り返すのが"粒子フィルタ"である。分身であっても，次の時間更新作業（時刻 $n+1$ での予測の作業）でシステムノイズによる確率的な揺らぎが導入されるため，同一のものが増殖し続けるわけではない。

シミュレーションとデータ同化

　粒子フィルタにおける一粒子に対する予測の操作は，$\boldsymbol{x}_{n-1}$ が与えられたもとで $\boldsymbol{x}_n$ が計算できればいいので，何もその更新作業は解析的な関数で示される必要はない。計算の手続きが単にプログラムで指定されれば十分なのである。そうすると，ある時間の状態から一定時間幅の後の状態を計算する，シミュレーションの時間更新1ステップ計算で，この予測の操作は置き換え可能であることに読者の方々も気づかれるであろう。

　時間発展形式を取るシミュレーションモデルの数理モデル形式をもう少し具体的に考えてみよう。多くの分野においては通常，実際の現象の時間発展を，連続時間・空間の偏微分方程式系で表す場合が多い。この時間発展解を得るには，コンピュータの上で数値計算しなければならない。コンピュータ

上で計算するには，時間上でも，また空間上でも"直接的"に離散化する作業が必要である。例えば，地球科学では緯度経度格子と呼ぶ，球面を球座標の緯度と経度方向にそれぞれ等間隔に細かく切った格子系（グリッドと呼ぶ）上で偏微分方程式を解くことが通常である。すべての格子点にシミュレーションを行う上で必要な物理変数，化学変数といったさまざまな変数が定義されている。これら格子系上で，境界条件や初期条件を与えて次々と格子点上の変数値を更新していく作業が，通常行われているシミュレーション計算の実体である。

　高空間解像度のシミュレーション計算では格子間隔を非常に狭くするため，必然的に格子点数が膨大となる。例えば，今想定しているシミュレーションで，適当な点から数えた k 番目の格子点上の点で定義される量は，温度 T_k と表面風速ベクトル (U_k, V_k) であるとする。ここで U_k は東西方向，V_k は南北方向の風速である。格子点数は M 個になったとする。時刻 n における，各格子点の定義された量を縦に格子点数だけずらっと並べて，

$$\boldsymbol{x}_n = (T_1, U_1, V_1, T_2, U_2, V_2, \cdots, T_k, U_k, V_k, \cdots, T_M, U_M, V_M)^T$$

のように状態ベクトルを構成する。格子点の数が多くなると，この構成される状態ベクトルの次元は巨大なものになる。まとめると，シミュレーションというのは，離散化された時間系で，時刻 $n-1$ の状態ベクトルから時刻 n の状態ベクトルへの更新操作，つまり粒子フィルタの粒子一つの予測の操作に完全に対応するのである。

　境界条件の時間依存性を調べるために，境界条件に関連する状態変数の時間変化をシステムノイズが駆動するモデル，つまり確率的シミュレーションを考えることもよくある。初期値がよくわからない，または初期値の信頼性が状態変数ごとに違うなど，初期ベクトルに不確実性がある場合は，状態ベクトルの初期値である $\boldsymbol{x}_0$ にいろいろな値を設定し，多数のシミュレーション実験の結果を見ることは普通に行われていることである。そうすると，シミュレーションの時間発展解は，おのずと単一パスから分布の時間進化形に

変容する。これらの操作は，粒子フィルタにおいて $q(\boldsymbol{v})$ や $p(\boldsymbol{x}_0)$ を導入したことに相当するので，粒子フィルタの仕組みを用いてシミュレーションのパスの選択に有益な指針を与えることが可能である。つまり，しらみつぶしにとり得るパスの計算を行うのは不可能であるから，$p(\boldsymbol{x}_n)$ が高い値を取る周辺のパスを毎時刻選択的に計算し続け，計算資源を集中する作戦を取るのである。このように，一見関係のなさそうな大規模なシミュレーション計算も，粒子フィルタや一般状態空間モデルを通して統計科学と密接に繋がっている。何だかワクワクしてきませんか。

参考文献

[1] 北川源四郎，『時系列解析入門』，岩波書店，2005.
[2] 中村和幸，上野玄太，樋口知之，「データ同化：その概念と計算アルゴリズム」，『統計数理』，Vol. 53, No. 2, 211-229, 2005.（『統計数理』は，http://www.ism.ac.jp/editsec/toukei-j.html からダウンロード可能）
[3] 樋口知之，「地球科学におけるモデルヴァリデーション」，『モデルヴァリデーション』(北川源四郎ほか編)，共立出版，2005.
[4] 樋口知之(監修・著)，『統計数理は隠された未来をあらわにする──ベイジアンモデリングによる実世界イノベーション』，東京電機大学出版局，2007.
[5] 樋口知之，「第5章 何を計算するか」，『超多自由度系の新しい科学』(計算科学講座 10)(金田行雄，笹井理生監修，笹井理生編)，共立出版，2010.
[6] 樋口知之，『予測にいかす統計モデリングの基本──ベイズ統計入門から応用まで』，講談社，2011.
[7] 樋口知之編著，上野玄太，中野慎也，中村和幸，吉田亮，『データ同化入門──次世代のシミュレーション技術』(シリーズ〈予測と発見の科学〉6)，朝倉書店，2011.
[8] 樋口知之，「第6章 データ同化によるシミュレーション計算と大規模データ解析の融合」，『サービス工学の技術──ビッグデータの活用と実践』(本村陽一他編著)，東京電機大学出版局，2012.
[9] 樋口知之，「シミュレーション，データ同化，そしてエミュレーション」，『岩波データサイエンス』，Vol. 6，岩波書店，2017.

生きた言葉をモデル化する

自然言語処理と数学の接点

持橋大地

　言葉を扱う学問は古典的には言語学であり，そこでは言語学者の経験と主観によって生み出された仮説を積み重ね，また反例を挙げて新説を生み出すことで研究が蓄積されてきた。これに対し，言葉を統計的に考える分野は計算言語学，または工学的な立場からは自然言語処理とよばれており，最近の電子テキストの増大とその処理の必要性によって，急速に研究が進んでいる分野である。この分野は言語学の一部ともいえるが，純粋に客観的なデータから，統計的・数学的なモデル化と大規模な実験的検証を行う点が従来の言語学と異なっている[1]。言語を統計的にとらえることによって，複雑で厖大な言語現象を計算機で自動的にモデル化できるとともに，規則ではとらえきれない曖昧性や例外，文脈依存性を数学的に適切に扱うことが可能になる。

言語の統計モデル

　客観的にみると，言語とは記号列だと考えることができる。細かくみるとそれは文字からなっているが，ここでは英語のように，言語は単語からなっているとして話を進めよう。

　言語の単語列を見てすぐに気づくことは，単語の頻度には大きな偏りがあるということである。表1に宮沢賢治『銀河鉄道の夜』における，言葉の出

表1 『銀河鉄道の夜』における単語の頻度と順位。

順位	単語 w	頻度	確率 $p(w)$
1	の	1266	0.055005
2	。	1120	0.048662
3	、	988	0.042927
4	た	951	0.041319
5	て	884	0.038408
18	ジョバンニ	189	0.008212
34	カムパネルラ	101	0.004388
104	風	26	0.001130
104	天の川	26	0.001130
482	橙	5	0.000217
482	ボート	5	0.000217
482	ステーション	5	0.000217
1307	燈火	1	0.000043
1307	天蚕	1	0.000043
1307	鶴嘴	1	0.000043

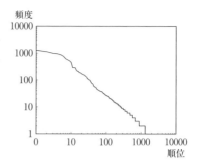

図1 『銀河鉄道の夜』での単語順位-頻度の両対数プロット。順位×頻度がほぼ一定となる冪乗法則が，直線として現れている。

現頻度を数えた表を，図1に順位-頻度を両対数でプロットしたグラフを示す．このように，順位と頻度が反比例関係にあることはZipfの法則といわれ，1930年代に発見された基本的事実の一つである．これは，近年では言語を超えて，自然界の多くの離散的現象に共通する冪乗法則として知られるようになってきている[1]．

では，表1のような単語の相対頻度は，どんな本やメールをもってきても常に同じなのだろうか．明らかにそうではなく，上位は大まかに同じでも，「風」「ステーション」など中位〜下位の語は話題や内容によって大きく異なってくるはずである．実際，スパムとよばれる広告メールの自動判別は，このような違いをもとに，一般に以下で述べるような確率モデルを使って行われている．

いま，表1の頻度を確率に書きかえ，全体で N 語の文章の中で，単語 i が n_i 回現れたとすると，その確率は単純には，

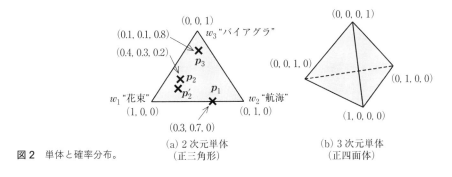

図2 単体と確率分布。

$$p_i = \frac{n_i}{N} \tag{1}$$

と考えてよい．このとき，各単語の出現確率をV次元(Vは語彙数)のベクトルで表した$\boldsymbol{p}=(p_1, p_2, ..., p_V)$はすべての$i$について

$$p_i \geq 0 \quad \text{かつ} \quad \sum_{i=i}^{V} p_i = 1$$

をみたす確率分布であり，高校のベクトルの授業を思い出してみるとわかるように，これは単体(simplex)とよばれる，正三角形や正四面体を一般化した$(V-1)$次元の図形の内部に含まれている(図2)．

たとえば，語彙が

$$(w_1, w_2, w_3) = (\text{"花束"}, \text{"航海"}, \text{"バイアグラ"})$$

の3個しかない($V=3$)としよう．単語の生起分布には

$$\boldsymbol{p}_1 = (0.3, 0.7, 0),$$
$$\boldsymbol{p}_2 = (0.4, 0.3, 0.2),$$
$$\boldsymbol{p}_3 = (0.1, 0.1, 0.8),$$
$$\cdots$$

のように無限の可能性があるが，これらはすべて単体の内部に，×で示したように含まれている(図2(a))．このとき，広告メールは$\boldsymbol{p}_3$のような確率

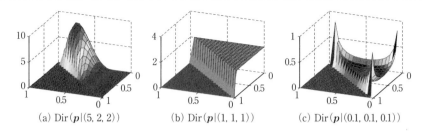

図3 さまざまなディリクレ分布とパラメータ $\boldsymbol{\alpha}$。
(a)ある平均値をもつ分布,(b)一様分布,(c)特定の単語への偏り,などを表現できる。

分布から,通常のメールは $\boldsymbol{p}_1$, $\boldsymbol{p}_2$ のような確率分布から生成されたと考えられる。

ただし,高々数百語のテキストを使った式(1)による $\boldsymbol{p}$ の推定が唯一の分布であるかには疑問がある。メールは $\boldsymbol{p}_2$ から生成されたのかもしれないし,それから微妙にずれた $\boldsymbol{p}'_2$ から生成されたのかもしれない。

このような不確定性を表現するには,$\boldsymbol{p}$ 自体の場所についての確率分布が必要になる。$\boldsymbol{p}$ は確率分布であったから,これは確率分布の確率分布となり,その最も簡単なものとして,ディリクレ分布

$$p(\boldsymbol{p}) = \mathrm{Dir}(\boldsymbol{p}|\boldsymbol{\alpha}) = \frac{\Gamma\left(\sum_{i=1}^{V} \alpha_i\right)}{\prod_{i=1}^{V} \Gamma(\alpha_i)} \prod_{i=1}^{V} p_i^{\alpha_i - 1} \qquad (2)$$

を考えることができる。ガンマ関数 $\Gamma(x)$ の現れる分数の部分は正規化定数なので無視してよいが,この分布はパラメータ $\boldsymbol{\alpha}=(\alpha_1, ..., \alpha_V)$ の値によって,図3のようにさまざまな形をとる。

このように,単語の確率分布自体を(たとえば)ディリクレ分布から生まれたものと考えると,まず図4(a)のようにさまざまな $\boldsymbol{p}$ を生成するなだらかなディリクレ分布があり,ある文章 $\boldsymbol{w}=w_1w_2\cdots w_N$ は最も単純には,次のようにして生まれたと想像できる。

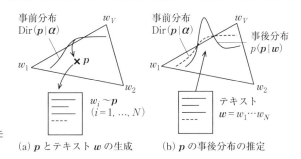

図4 ポリア分布の生成モデルとベイズ推定。　(a) p とテキスト w の生成　(b) p の事後分布の推定

（ⅰ） $p \sim \mathrm{Dir}(p|\alpha)$ を生成。

（ⅱ） 単語 $w_i \sim p \ (i=1, ..., N)$ を生成。

ここで〜とは，「〜の確率分布に従って」という意味である．このとき w の確率は，さまざまな p の可能性について積分を行って期待値を計算すると，

$$p(w) = \int p(w|p) p(p|\alpha) dp \tag{3}$$

$$= \int \prod_{i=1}^{V} p_i^{n_i} \cdot \frac{\Gamma\left(\sum_{i=1}^{V} \alpha_i\right)}{\prod_{i=1}^{V} \Gamma(\alpha_i)} \prod_{i=1}^{V} p_i^{\alpha_i - 1} dp \tag{4}$$

$$= \frac{\Gamma\left(\sum_{i=1}^{V} \alpha_i\right)}{\Gamma\left(N + \sum_{i=1}^{V} \alpha_i\right)} \prod_{i=1}^{V} \frac{\Gamma(n_i + \alpha_i)}{\Gamma(\alpha_i)} \tag{5}$$

と表すことができる[2]．ここで n_i は単語 i が w の中に現れた回数であり，$\int dp$ は

$$\int_0^1 \cdots \int_0^1 dp_1 \cdots dp_V$$

を意味する．

多数の文章 $w_1, ..., w_D$ に関するこの確率の積 $\prod_{d=1}^{D} p(w_d)$ は α に関して凸であり，ニュートン法を用いて，データの確率を最大にする事前分布のパラメータ α を求めることができる。

逆に w が与えられれば，それを生んだ p の確率分布は，ベイズの定理から式(2)を用いて，図4(b)のようなディリクレ事後分布

$$p(\boldsymbol{p}|\boldsymbol{w}) \propto p(\boldsymbol{w}|\boldsymbol{p})p(\boldsymbol{p}) \tag{6}$$

$$= \prod_{i=1}^{V} p_i^{n_i} \cdot \frac{\Gamma\left(\sum_{i=1}^{V} \alpha_i\right)}{\sum_{i=1}^{V} \Gamma(\alpha_i)} \prod_{i=1}^{V} p_i^{\alpha_i-1} \tag{7}$$

と推定でき，その期待値は

$$E[p_i|\boldsymbol{w}] = \frac{n_i+\alpha_i}{N+\alpha} \quad \left(\alpha = \sum_{i=1}^{V} \alpha_i\right) \tag{8}$$

となる。これは式(1)と似ているが，文章にたまたま出現しなかった語 (n_i =0)にも，「事前確率」$\frac{\alpha_i}{N+\alpha}$ が割り当てられていることに注意されたい。つまり，これは最初の式(1)と違い，どんな語も式(8)に従った確率で文章に含まれる可能性があるという，より自然なモデルになっていることがわかる。

無限語彙モデル

上の議論では語彙の数 V は固定だとしていたが，落ち着いて考えてみると，言語の語彙は決して有限ではない。通常の辞書に含まれる語彙は数万語～数十万語程度だが，現実には日々新しい語が生まれ，また古い語が忘れ去られてゆく[3]。

このような現象をモデル化できるのが，ディリクレ過程 DP(α, G_0) [2] と呼ばれる確率過程である。これは言語の場合はディリクレ分布を無限次元化したものと考えてよく，図5のように，もととなる確率分布 G_0(基底測度とよばれる)に似た，離散確率分布 G を生成する確率過程である。G_0 が連続

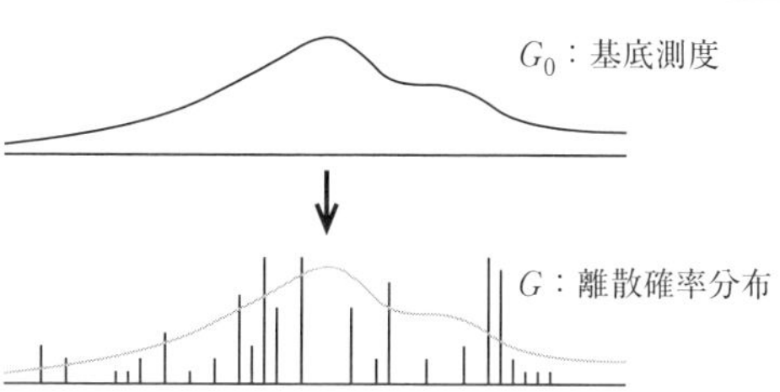

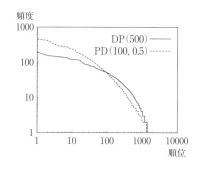

図5 ディリクレ過程による，無限離散確率分布 G の生成。横軸が，可能な単語の種類を表す。

図6 ディリクレ過程 $\mathrm{DP}(\alpha)$ (G_0 は連続)とポアソン-ディリクレ過程 $\mathrm{PD}(\alpha, d)$ (後述)からランダムに生成した系列の順位-頻度のプロット。図1と同様の冪乗法則が現れている。

の場合，G は無限次元の分布となる。

G は図5の下のような姿をしているが，実際はこれ自体も $\boldsymbol{p}$ と同様，一つに決めることはできない。したがって，文章 $w_1 \cdots w_N$ が得られたとき，次の単語の分布は，G の可能性をすべて考えて積分消去すると，

$$p(w|w_1 \cdots w_N) = \int p(w|G) p(G|w_1 \cdots w_N) dG \quad (9)$$

$$= \begin{cases} \dfrac{n_i}{N+\alpha} & (w = w_i) \\ \dfrac{\alpha G_0(w)}{N+\alpha} & (w : \text{新しい語}) \end{cases} \quad (10)$$

という確率を持つことが知られている。すなわち，ディリクレ過程では既存の単語 i が頻度 n_i に比例した確率を持つ一方，これまで未知の単語も αG_0 に比例した確率で現れる，ということを意味する。

α は新しい語が生まれる割合を制御する，推定可能なパラメータである。この式はポリアの壺，または集団遺伝学の分野では species sampling model として知られているモデルの特別な場合である。

もし G_0 が離散で，固定語彙 w_i についてのみ $\dfrac{\alpha_i}{\alpha}$ を返すならばこれは式 (8) と等しいが，G_0 が連続ならばどんな未知の語にも確率が与えられることに注意してほしい。このディリクレ過程から式 (10) にしたがって次々と単語を生成すると，その分布は図 6 のように，はじめに述べた冪乗法則を再現することがわかる。

n グラムモデルと無限 n グラムモデル

さて，ここまでは言葉が互いに独立に生起するとしていたが，これはもちろん正しくない。たとえば，「公園に」の次は「行く」「来る」「隣接」などが続きやすく，「言語」の次は「が」「処理」「学習」などの確率がずっと高くなるだろう。このような関係を単純化して，言葉がその前の $(n-1)$ 語の言葉に依存する（隣接した n 語の間の関係をとらえる）モデルは，n グラムモデルとよばれている。つまり，今までは 1 グラムのモデルを考えていたことになる。

n グラムモデルでは，文 $\boldsymbol{w} = w_1 w_2 \cdots w_T$ の確率は，条件つき確率の積として以下のように表される。

$$p(\boldsymbol{w}) = \prod_{t=1}^{T} p(w_t | w_{t-1} w_{t-2} \cdots w_1) \tag{11}$$

$$\cong \prod_{t=1}^{T} p(w_t | \underbrace{w_{t-1} \cdots w_{t-(n-1)}}_{(n-1) \, 語}). \tag{12}$$

つまり，下で説明するデータスパースネスの問題から伝統的に多く使われてきた 3 グラムの場合，文の確率は直前の 2 単語を条件に，

$p($彼女 が 見る 夢$)$
    $= p($彼女$) \times p($が | 彼女$) \times p($見る | 彼女 が$) \times p($夢 | が 見る$)$ $\tag{13}$

のように計算されることになる。

連続する語の規則性をとらえるこのモデルは，言葉の$(n{-}1)$次のマルコフ過程であり，非常に簡単なモデルであるが，音声認識や統計的機械翻訳などで言語的に不適格な文の確率を小さくするためにきわめて有効であり，その中核の一部を構成している。

nグラムモデルではnを増やすほど，言葉の間の関係をより精密にとらえることができる。しかし，nを大きくしすぎると，データがないために単純な推定では式(12)の条件つき確率が0になってしまうという問題が生じる。たとえば，有名な歌の歌詞に似た"お魚くわえた三毛猫"は文法的に正しいが，本章執筆時点ではGoogleでの検索結果は0であり，単純な推定では，$n(\cdot)$を検索カウントを表す関数として，

$$p(三毛猫 \mid お魚 くわえた) = \frac{n(お魚 くわえた 三毛猫)}{n(お魚 くわえた)} = 0 \qquad (14)$$

となって，式(12)からこのフレーズの確率が0になってしまう。

ただし容易にわかるように，この3グラム分布は2グラム分布 $p(\,\cdot\,|$くわえた$)$に似ており，それはさらに1グラム分布 $p(\cdot)$ を反映していて，本来0ではないはずだと考えられる。このような再帰的な関係は，先のディリクレ過程を階層化した，階層ディリクレ過程[3]によってとらえることができる。

すなわち，図7のように，まず図5と同様に生成された1グラム分布$p(\cdot)$があり，これを基底測度G_0としたディリクレ過程によって2グラム分布 $p(\,\cdot\,|w_1)$ が生成され，さらにこれを基底測度G_0として3グラム分布$p(\,\cdot\,|w_2 w_1)$ が生成され……，と漸層的にnグラム分布が生成されたと考えるわけである。

このとき，式(14)の代わりに，2グラム分布 $p(\,\cdot\,|$くわえた$)$ をG_0として式(10)から確率を計算し，その2グラム分布は1グラム分布 $p(\cdot)$ をG_0として計算し……，と階層をさかのぼることで，すべてのnグラム確率を計算することができる。学習テキストの各単語が実際にこの階層をどれだけたどって生成されたのかは未知であるため，この確率計算には大規模なMCMC

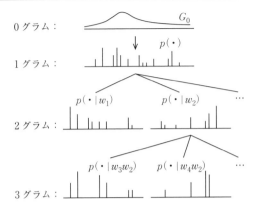

図7 階層ディリクレ過程による n グラム分布の生成。

法などを必要とする。

　実際には言語の場合，ディリクレ過程の当てはまりは完全ではなく，その拡張である2パラメータ・ポアソン-ディリクレ過程[4](Pitman-Yor過程，図6)を階層化した，階層Pitman-Yor過程[5]が高い予測精度をもつことが確かめられている。

　上の n グラムモデルでは文脈長は $(n-1)$ で固定されていたが，筆者は，これを無限可変長に拡張した[6]。式(13)において，「夢」を予測するには実際には1語前の「見る」だけの文脈があればよく，一方，「日 米 首脳 会談」の最後の語「会談」の予測は，3語前の「日」からの文脈が非常に有効である。

　このように予測に適切な文脈長を隠れ変数と考えて確率モデル化すると，n グラムの n，すなわち図7での木の階層の深さ自体も可変とすることができ，より柔軟なモデルが得られる。図8に，村上春樹『世界の終りとハードボイルド・ワンダーランド』を使って学習したこのモデルによって，確率的に生成した文の一例を示す。

図8 村上春樹『世界の終りとハードボイルド・ワンダーランド』を使って学習した可変長nグラムモデルによる，ランダムウォーク生成文．単語の区切りは省略している。

「レンタ・カーは空のグラスを手にとり、蛇腹はすっかり暗くなっていた。それはまるで獲物を咀嚼しているようだった。彼は僕と同じようなものですね」と私は言った。「でもあなたはよく女の子に爪切りを買った。そしてその何かを振り払おうとしたが、今では誰にもできやしないのよ。私は長靴を棚の上を乗り越えるようにした。…

言葉の意味の統計モデル

ここまでは言語の比較的規則的な性質に着目してきたが，それでは，言葉のもつ"意味"を統計的に扱うことはできるのだろうか。

本章の最初の例では，文章の各単語がみな同じ分布 p から生成されたとしていたが，これは少々単純化のしすぎだと思われる。実際のテキストには「が」「と」のような機能語，「市場価格」「ヴァイオリン」のようにその文章の話題を表す語など，意味の違う語が混ざり合っているからである。経済，芸術，スポーツ，…などの「話題」は文章によって異なり，しかも一つではなく同時に混ざり合っていると考えられるから[4]，これは図9のように，文章によって異なる確率分布 $\boldsymbol{\theta}=(\theta_1, ..., \theta_K)$ で表され[5]，同様にディリクレ分布から各文章ごとに生成されていると考えるのが自然である。ここで K は潜在的な話題の総数であり，通常数 100 程度を考える[6]。

そこで，このモデル(LDA とよばれる[7])では，各文章ごとにまず

（1）話題分布 $\boldsymbol{\theta}$ を選び，

次に

（2）$\boldsymbol{\theta}$ に従って話題をランダムに選び，

最後に

（3）その話題から言葉が生成された。

と考える。つまり，式で書くと，それぞれの文章 $\boldsymbol{w}=w_1w_2\cdots w_N$ は

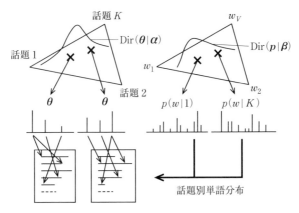

図9 LDAによる文章の生成モデル．文章ごとに隠れた話題分布 $\boldsymbol{\theta}$ があり，そこからランダムに選ばれた話題をもとに，話題別単語分布から言葉が生成される．

(ⅰ) 文章のもつ話題分布 $\boldsymbol{\theta} \sim \mathrm{Dir}(\boldsymbol{\theta}|\boldsymbol{\alpha})$ を生成．

(ⅱ) For $n=1, \cdots, N,$

　　(a) ある話題 $k_n \sim \boldsymbol{\theta}$ を選択．

　　(b) 話題 k_n から，単語
$$w_n \sim p(w|k_n)$$
を生成．

のように生成されたと考える．このとき，$\boldsymbol{w}$ の確率は

$$p(\boldsymbol{w}) = \int \prod_{n=1}^{N} \sum_{k=1}^{K} p(w_n|k_n) p(k_n|\boldsymbol{\theta}) p(\boldsymbol{\theta}|\boldsymbol{\alpha}) d\boldsymbol{\theta} \tag{15}$$

$$= \frac{\Gamma\left(\sum_{k=1}^{K} \alpha_k\right)}{\prod_{k=1}^{K} \Gamma(\alpha_k)} \int \left(\prod_{k=1}^{K} \theta_k^{\alpha_k - 1}\right) \prod_{n=1}^{N} \sum_{k=1}^{K} p(w_n|k) \theta_k d\boldsymbol{\theta} \tag{16}$$

となる．文章のもつ潜在的な話題分布 $\boldsymbol{\theta}$，各単語のもつ話題 k_n はすべて未知の確率変数であり，われわれが知っているのは単語の出現 $\boldsymbol{w}$ のみであることに注意されたい．さらに，話題ごとの単語生起分布 $p(w|k)$ も

図 10 川端康成『雪国』冒頭の潜在的な話題の LDA による推定。ここでは最大事後確率の話題のみを示した。

雪国^{58}
国境の長い^{58}トンネル^{6}を^{58}抜ける^{58}と^{36}雪国で^{58}あった^{29}。夜^{36}の底が白く^{58}なっ^{36}た^{29}。信号^{6}所に^{58}汽車^{36}が^{58}止ま^{6}た^{29}。
向^{36}側の^{58}座席^{6}から^{58}娘^{36}が^{58}立って来て^{36}、島村^{54}の^{58}前^{29}の^{58}ガラス窓^{6}を^{58}落し^{66}た^{29}。雪の冷気が流れ^{58}こんだ^{36}。…

$\mathrm{Dir}(\boldsymbol{p}|\boldsymbol{\beta})$ $(\boldsymbol{\beta}=(\beta_1, ..., \beta_V))$ に従う未知の確率分布であり，どんな「話題」があるのかもすべてデータから自動的に推定することを考える。

2001 年に提案されたこのモデルは複雑で，一見解けないように見える。しかし，MCMC 法を使い巧妙な積分を行うと，各文章 d の各単語 w_{dn} のもつ話題 k は，ベイズの定理による事後確率

$$p(k|w_{dn}) \propto p(w_{dn}|k)p(k|d) \tag{17}$$

$$= \frac{n^{w_{dn}}_{-dn,k}+\beta_{w_{dn}}}{n^{\cdot}_{-dn,k}+\sum\limits_{i=1}^{V}\beta_i} \cdot \frac{n^{d}_{-dn,k}+\alpha_k}{n^{d}_{-dn,.}+\sum\limits_{k=1}^{K}\alpha_k} \tag{18}$$

$$(k=1, ..., K)$$

に従ってサンプリングすることができる[8]。ここで $n^{w_{dn}}_{-dn,k}$ は注目している単語 w_{dn} がデータ全体の中で話題 k に割り当てられた総数(dn を除く)を表し，$n^{d}_{-dn,k}$ は文書 d の中で話題 k に割り当てられた単語の総数(dn を除く)を表す[7]。

数百万〜数億語の学習テキストに対してこのサンプリングを繰り返し行うことで，各単語の生成された正しい話題と，文書の話題分布をすべて推定することができる。

図 10 に，毎日新聞 2000 年度の全文(2887 万語)で学習したモデルをもとに，川端康成『雪国』の冒頭について推定した話題の例を示す[8]。説明のため，ここではやや少なく $K=100$ とした。「国境」−「雪国」−「雪」−「冷気」のような語が話題 58 に，「トンネル」−「ガラス」−「信号」−「窓」のような語

表2 毎日新聞テキストから学習した LDA による話題別単語分布 $p(w|k)$ の特徴語。"" は筆者がつけたラベル。

$l(w|58)$	単語 w	$l(w|6)$	単語 w
4.60517	ライラック	4.60517	北千住
4.60517	雪上	4.60517	近畿運輸局
4.60517	登山	4.60517	橋げた
4.60516	多年草	4.60517	山陽新幹線
4.60515	山開き	4.60517	車両
4.60515	冬山	4.60517	都営地下鉄
4.60515	岩場	4.60517	総武線
4.60514	ソメイヨシノ	4.60517	住之江公園
4.60513	岩肌	4.60517	車線
4.60511	咲き乱れ	4.60516	関越
4.60507	挿し	4.60512	ジープニー
4.60482	雨期	4.60499	ローカル線
4.60475	急流	4.60446	奥屋
4.60306	エコツーリズム	4.60430	運行
4.60279	水草	4.60316	停車
4.60260	花木	4.60269	番線
4.60249	トレッキング	4.60205	横風
4.60223	ドングリ	4.60204	脱線
4.60093	湿原	4.60042	運賃
4.60026	海鳥	4.59881	支線
⋮	⋮	⋮	⋮

(a)話題 58: "自然"　　　　(b)話題 6: "鉄道"

が話題6に，共通して高い事後確率を持つことがわかる[9]。表2に話題ごとの単語生起分布 $p(w|k)$ を，平均

$$p(w) = \frac{1}{K} \sum_{k=1}^{K} p(w|k)$$

との対数比

$$l(w|k) = \log \frac{p(w|k)}{p(w)} \tag{19}$$

の上位順にソートして示す。話題分布は自動的に推定したものだが，ほぼ話題 58 が "自然" に，話題 6 が "鉄道" に関連していることがわかる。

式(17)において，単語 w_{dn} のもつ潜在的な話題 k は，その文章のもつ文

脈（右辺第2項）にも依存していることに注意してほしい。すなわち，このモデルでは言葉のもつ多義性も，確率モデルの中で自然に表現されている[10]。

このようにして，言葉や文章のもつ"意味"を，大まかではあるが，テキストから完全に統計的に推定することができる。意味を扱う LDA については，『岩波データサイエンス』Vol. 2 [9]において次節で説明する word2vec も含めて易しく解説されているほか，興味のある方は最近出版された専門書[10][11]を参照されたい。

言葉の意味と word2vec

最近になり，word2vec[12]という方法によって，各単語に数百次元程度の実数値ベクトルを割り当てることで，言葉の意味をベクトル化できる方法が注目を集めている。テキストから自動的に学習されるこのベクトルは，単語に関する多くの知識を内包しており，近い意味の単語が近いベクトルを持っている。また，'queen' を表すベクトルから 'king' を表すベクトルを引き算することで「女性性」を表すベクトルが抽出でき，したがって，これを 'boy' を表すベクトルに足すと 'girl' を表すベクトルが得られる，といった驚異的な性質を持っていることが知られている。

word2vec の単語ベクトルは，テキスト中で各単語の前後の数単語の単語ベクトルから自分自身の単語ベクトルが予測できるようにする，という発見的な基準で学習されるものである。しかし，2016 年になり，プリンストン大学の Arora らは，この学習が潜在的な意味空間でのランダムウォークによってテキストが生成された，とする統計モデルによって説明できることを示した[13]。

このモデルでは，テキストの時刻 t での単語 w_t が，その座標 $\boldsymbol{w}_t$ の「文脈ベクトル」$\boldsymbol{c}_t$ との近さに従って下の式によって生成されたと仮定する。

$$p(w_t|\boldsymbol{c}_t) = \frac{\exp(\boldsymbol{w}_t^T \boldsymbol{c}_t)}{\sum_v \exp(\boldsymbol{v}^T \boldsymbol{c}_t)} \tag{20}$$

これは動的な対数線形モデル（ロジスティック回帰）であり，c_t は高次元の意味空間における単位球面の近くをゆっくりとランダムウォークしているとする。上の確率によって生成されたテキストの確率

$$p(w_1, \ldots, w_T | \boldsymbol{c}_1, \ldots, \boldsymbol{c}_T) = \prod_{t=1}^{T} p(w_t | \boldsymbol{c}_t) \qquad (21)$$

を最大にする単語ベクトル $\boldsymbol{w}$ は，word2vec で学習される単語ベクトルと同じ性質を持ち，自己相互情報量をもとに，引き算と内積によって「女性性」のような意味方向をとらえられることが数学的に証明されている。証明はかなり高度なため，興味のある方は原論文[13]を参照されたい。

おわりに

自然言語の確率モデルについて，最新の研究の一端を紹介した。複雑かつ曖昧な自然言語を確率的にとらえることによって，ことばの持つ規則性を残しながら，その個性や文脈依存性を適切に扱うことが可能になる。本文ではふれなかったが，言語には構文構造があり，これを線形な単語列から（正解なしで）獲得することは，現在研究が進められている非常に興味深いテーマの一つである。

一方，本章の立場とは異なるが，構文解析や形態素解析などにおいて，人間の与えた「正解」データが仮定できる場合は，これらは対数線形回帰などの手法により正解を予測する工学的問題として高精度で可能となっており，自然言語処理のもう一つの大きな一翼をなしていることを最後にふれておきたい。

注
1) 以前は計算機や電子テキストは存在しないか，速度が充分でなく，以下で紹介するような大規模統計モデルの計算は不可能であった。個人的には筆者は，これは現代的な意味での理論言語学の王道（の少なくとも一つ）だと考えている。
2) この分布はポリア分布とよばれている。『数学セミナー』（日本評論社），1993 年 10

月号(p.32)の特集で示されている実際の適合度の良さは，このような生成モデル
から説明することができる。

3) ただし，以下のディリクレ過程で扱えるのは単語の新生のみであり，消滅過程の
　　モデル化は現在研究の対象となっている。

4) たとえば，「ヴァイオリンの市場価格」についての文書のような場合。本章も，数
　　学の話と言語の話の混合である。

5) つまり言葉の上に，抽象的な「話題空間」を仮定している。

6) $\boldsymbol{\theta}$ が階層ディリクレ過程に従っていると考えると，隠れた話題の総数も可算無限
　　個とすることができるが，ここでは簡単のため，K 個に固定して考える。

7) ・は，その変数について和をとることを表す。

8) 連続して同じ話題となった場合は，まとめて表記した。

9) 実際には，各単語は複数の話題に確率的に所属しているため，より微妙な意味が
　　表現されていることに注意されたい。

10)「体」や「群」のように複数の話題に違った意味で現れる語の場合，文脈に応じ
　　て，どれかの話題に高い事後確率を持つ。

参考文献

[1] Albert, R. and Barabási, A.-L., *Statistical mechanics of complex networks*, Reviews of Modern Physics, 74, 47-97, 2002.

[2] Ferguson, Thomas S., *A Bayesian Analysis of Some Nonparametric Problems*, The Annals of Statistics, 1(2), 209-230, 1973.

[3] Teh, Y. W., Jordan, M. I., Beal, M. J. and Blei, D. M. *Hierarchical Dirichlet Processes*, JASA, 101(476), 1566-1581, 2006.

[4] Pitman, Jim and Yor, Marc, *The Two-Parameter Poisson-Dirichlet Distribution Derived from a Stable Subordinator*, Annals of Probability, 25(2), 855-900, 1997.

[5] Teh, Yee Whye, *A Hierarchical Bayesian Language Model based on Pitman-Yor Processes*, In Proceedings of ACL/COLING 2006, 985-992, 2006.

[6] Mochihashi Daichi and Sumita Eiichiro, *The Infinite Markov Model*, NIPS 2007, 1017-1024, 2008.

[7] Blei, David M., Ng, Andrew Y., and Jordan, Michael I., *Latent Dirichlet Allocation*, Journal of Machine Learning Research, 3: 993-1022, 2003.

[8] Thomas L. Griffiths and Mark Steyvers, *Finding scientific topics*, PNAS, 101, 5228-5235, 2004.

[9] 岩波データサイエンス刊行委員会編，『岩波データサイエンス』，Vol. 2，特集：統計的自然言語処理——ことばを扱う機械，岩波書店，2016.

[10] 岩田具治，『トピックモデル』(機械学習プロフェッショナルシリーズ)，講談社，2015.

[11] 佐藤一誠，『トピックモデルによる統計的潜在意味解析』(自然言語処理シリーズ 8)，コロナ社，2015.

[12] Mikolov, T., Sutskever, I., Chen, K., Corrado, G. S., and Dean, J., *Distributed Representations of Words and Phrases and their Compositionality*, NIPS 2013, 3111–3119, 2013.

[13] Sanjeev Arora, Yuanzhi Li, Yingyu Liang, Tengyu Ma, and Andrej Risteski, *A Latent Variable Model Approach to PMI-based Word Embeddings*, Transactions of the Association for Computational Linguistics, 4, 385–399, 2016.

ポスト近代科学としての統計科学

田邉國士

統計学は分からない？

　「統計学はよく分からない」という初学者の声をしばしば聞くことがある。また，統計学を深く知った上で同様の発言をする数理科学の泰斗もいる。統計学に対するこの意見は一概に不勉強であるとか不当なものであるとは言えない。統計学は「推論の方法」に関わるものであり，「確率の概念」に基礎を置いている。しかし「合理的な推論は何か？」という問いに答えることは容易なことではない。周知のように，ギリシャの昔から今日に至るまで，時の最高の知性がこの難問に取り組んできたが，この問題を巡る論争は決着したとは言えないのである。さらに，「確率」という概念は一筋縄では捉えることが難しく，これまた論争が絶えない。この事実から観るならば，統計あるいは確率を分からないと感じる人の方が，健全な常識の持ち主かも知れない。安易にこれらを理解できたと考える人がいるならば，その人は己の理解の度合いを再点検してみる必要がありそうだ。統計学が分かり難いのは故なきことではないからである。

　本書の読者には科学研究やエンジニアリングあるいは人文社会科学研究の先端に身を投じようとする者も少なくはないであろう。我が国においては，近代科学の成果は教科書として輸入されたもので，我が国の思想史や科学技

術史の中で，日本人自らの生活に根ざしたものとして血肉化されたものでは
ない。このため，西欧近代史において科学知識を獲得するためになされた方
法論上の試行錯誤や知識が教科書として定説化するまでになされた論争につ
いては見過ごされがちである。科学研究においては，得られた知識自体もさ
ることながら，その成果をいかなる方法論を用いて獲得したかもその知識の
重要な一部とみなすべきである。今日我が国における科学的探求の場におい
ても，方法論に関する議論はあまり活発ではなく，「そんな議論をする暇が
あったらひとつでも新しい結果をだしなさい」となりがちなのが現状ではな
かろうか。

　しかしながら，現代社会のあらゆる局面に生じている複雑な事象の解明に
正面から取り組むためには，科学的推論とりわけ統計学的推論において用い
られる推論の論理に対する方法論的理解が，以前にも増して必要となってい
る。仮説(モデル)設定と推論の仕方に関する多様な接近法に対して自分自身
のパースペクティヴを持たないと，問題解決へむけて独自の戦略をたてるこ
ともできないし，データの価値を自身で量ることもできない。データの解釈
を誤りせっかく見込みのあるモデルを棄ててしまう危険性や，逆に意味のな
いデータに惑わされて何年も人生を浪費してしまうこともありうる。特に，
認知科学，脳科学などのような「もの」を直接の対象としない複雑事象に関
わる分野においては，仮説設定に際する原始要素の分節化と表記を含むモデ
リング(仮説の表現)および推論に関わる方法論的ソフィスティケーションが
ないことには，海外の研究者とのコミュニケーションさえも覚束ないことに
なる。

　本章の目的は，現代の統計学としての統計科学がどのような方法論に基づ
いているか，それが提供する推論法はどのような意味を持ち，どの程度確か
なものであるのか，またそれはどのような歴史的背景があるか，科学研究に
おいて統計科学はどのような位置を占め，どのような方向に発展しつつある
かについて述べることにある。

ニュートン – デカルト・パラダイム

　近代においてニュートンが確立した科学的推論の方法は，「仮説演繹法」と呼ばれる。それは，仮説定立―演繹―実験という手続きに基づくもので，演繹主導型の推論法である。この方法は，運動力学に範をとって形成されたもので，（力，質量，加速度などのような）原始要素を先験的に分節化して，対象に関する仮説＝モデルを（微分）方程式の形式に表現し，このモデルから（ニュートンの場合はCalculus '微分積分学' と呼ばれる）演繹推論によって論理的帰結を導き，経験的データとの整合性を検証するという手続きをとる。このニュートン・パラダイムは，近代科学の発展に大きな成功を収め，今日では科学的推論の規準的方法となっている。そのため，確実な知識はこの仮説演繹法によってのみ獲得されるべきであるという信念が，大多数の科学者に保持されており，社会科学分野においてさえ，この方法を範型として社会現象を解析するべきであるという考えが，少なからぬ研究者に無意識のうちに受け入れられている。

　デカルトは，複雑な対象の性質はその構成要素の性質の総和であるとする（要素）還元主義の説を唱え，各要素を調べれば全体が理解できると考えた。これは仮説＝モデルの構築にあたって，対象を構成要素に分解し，その個々の要素に関するモデルを構築し検証すれば十分であるとする方法論を意味する。この方法論はその後の物質科学の進歩に十分な有効性を発揮した。今日では認知科学や科学哲学などの発展などに影響を受けて，還元主義をそのまま奉じている者はいないと思われるが，科学やエンジニアリングの現場においてモデル（仮説）構築に対する還元主義の影響は今なお大きい。

演繹推論の限定性

　数学は人類が獲得した最も確かな知識である。一般には数学的知識は絶対確実な真理であると信じられている。常識的意味においては誰しも真理性を

疑わないであろう。しかしそれは本当に絶対的真理なのであろうか。確実な知識を獲得するには合理的な推論が必要である。数学的知識の証明においては，演繹的推論のみが許される。演繹的推論が数学の絶対的確かさを保証するとされる。しかし，演繹的推論において，無限集合に関わる命題における排中律の成立に異議を唱える構成主義数学者がいる。数学的推論において頻用される背理法による証明を認めないのである。構成主義の立場をとると，今日までに形成されてきた豊かな数学の大部分を失うことになり，多くの数学者はこの立場をとらないが，構成主義数学者の主張を一概に退けることはできない。

　数学においては，「∞」や「0に収束する」という概念を，「任意の（すべての）」という形容詞や ε–δ 論法などのような有限の表記（表現）と有限の操作によって定義し，これらの概念を意味づけることにより，人間は無限という概念を操作（演繹推論）することを可能にした。数学的帰納法と呼ばれる演繹推論もまた人間が無限というものを有限の手段で御する方法である。無限という概念を操作できなかったとすれば，現代数学は存在しなかったであろう。しかし，人間が行う演繹推論（証明）は，有限個の記号と有限の時間で実行可能なものに限られている。我々が持っている記号の数は有限であるのみならず，推論作業もいつ終わるとも知らず延々と続けるわけにはいかない。さらに，特定の数学の証明が正しく行われたことの証明は，当該の数学の外にある。数学は閉じた形式的体系ではないので，内在的に真理であることを保証されているわけではない。

　数学的知識は人類の至高の知であるが，それさえもその明証性に留保が付きうるものがあることを忘れてはならない。

帰納という原罪をてことして

　演繹的推論以外にも知識を獲得する方法はある。限られた経験データから経験外の事態を予測するための汎化された知を導く「帰納的推論」によるも

のである。しかし，帰納による推論は論理的には誤りである。黒いカラスを
何羽見た経験があろうと，「カラスは黒い」と結論することはできない。こ
の結論の誤りは，「カラスは黒い」という命題を確率によって表現しても変
わらない。我々はカラスの総数を知らないのみならず，見たカラスがランダ
ムだったかを知らないからである。帰納推論のこの問題は，古代ギリシャ人，
中世の哲学者，近代の科学者を大いに悩ませた。アリストテレスの「単純枚
挙法」，ドゥンス・スコトスの「一致法」，ウィリアム・オッカムの「差異
法」など，彼らは'帰納の手続き'を立てることによって，帰納推論に客観性
を与えることに努めたが，いずれも無理な試みであった。帰納を救う試みと
して，R. グロステストと R. ベーコンは，帰納と演繹に加えて「試験（テス
ト）」という手続きを導入している。現在広く受け入れられている「仮説検
定」という統計学的手続きも，思想的には彼らに負っていると言える。しか
し，試験というものも有限の経験的事実であり，無限の事象について言及す
る一般命題（「カラスは黒い」）を，有限のデータから，たとえ確率的にせよ，
導出することは論理的には誤りである。

　しかし人間が獲得する知識は，数学の場合のように定義に基づいて記号表
現された対象に対する演繹的推論の操作によってのみ得られるものではない。
古典物理学の場合のように対象の先験的分節化とその記号表現を前提とする
仮説演繹法によるものに限られることもない。人間の知には，意識化され記
号表現できる知識だけではなく，意識に上ってこない暗黙の直感知もある。
いずれの知の創出においても我々が日常の生活の中で用いるのは主に帰納的
推論である。必ずしも意識的に仮説を立て推論するとは限らない。ニュート
ンの運動の法則（仮説）を知らずとも，微積分による計算（演繹）ができなくと
も，我々は身体を自由に制御し，外部世界の運動を予測することができる。
人類は有限の経験データから帰納的推論を駆使してこの地球上に生き延びて
きたのである。経験科学によって得られた人類の知は必ずしも論理的に獲得
されたものではなく，人々が思っているほど確かなものではない。「ひと」
は帰納推論という'論理的原罪'を背負っていると言えよう。

数理科学の中にも帰納的推論が登場する分野がある。経験科学においては，原因から結果を演繹的に推論する問題を順問題と呼び，逆に結果から原因を遡及する問題は逆問題と呼ばれる。現在の温度分布を知って過去の温度分布を求めるために「熱方程式」を逆に解く問題は数学における逆問題の典型例である[5]。一般に，因から果への推移の間にエントロピー増大が起こるため，因果の連鎖を逆にたどる逆問題の多くは，J. S. アダマールの言う「非適切問題」となる。すなわち，因から果を導く作用素が悪条件あるいは非可逆となる場合である。このような悪条件問題においては，因果関係を方程式に表現し，果の部分に観測データを代入して，因を未知としてこの方程式を解くことを試みた場合，未知の解が観測データに含まれるごく小さな誤差に過敏に反応して意味のある解を得ることが不可能となる。

　実験科学やエンジニアリングにおいて，電場の情報からその場をつくる電荷分布を求める問題，重力場の情報からその場をつくる質量の分布を求める問題などのように，観測システムの出力の情報から入力を求める観測問題の多くは非適切問題である。非適切問題は数学的には字義通り問題の設定が間違っている問題であるが，さまざまな'解法'が数多く開発されている。解法の多くは，問題に正則化などのモデリングの処理をするとともに離散化して数値解を求める[5][7]。典型例としては医療画像診断における CT（Computed Tomography）がある。推論の観点からみると，これらの解法はすべて帰納推論の形式を持っており，有限のデータから多くの有用な情報を抽出することができる。しかし，非適切問題の解法は，その帰納的推論の特性のためか，数学者の評価はあまり芳しいものではない。

統計学は帰納推論である

　19世紀までは仮説演繹法や要素還元主義の科学観が全盛の時代であった。このような時代精神を背景として，20世紀初頭においてR. A. フィッシャー，E. S. ピアソン，J. ネイマンらは，国勢学に端を発して形成されてきた

統計学をより強固な基盤を持つ学問に変革すべく,「仮説検定論」と呼ばれる擬似演繹の装いを凝らした理論を編み出した。それは統計学に確率論という数学を組織的に導入し,推論手続きの一部を数学化したものであり,同時に編み出した「推定論」と併せて数理統計学の発展への道を拓いた。しかし,推論過程の一部分を数学化したのであって,データの有限性に由来する統計学の帰納という本質が変わるわけではなく,その意味では数理統計学は帰納論理としては限定的な成功しか収められなかった。仮説検定論は前述の近世以前の哲学者たちが試みた「帰納の手続き」を精緻化するものであったと言える。

例えば,「有意性検定」においては,観測できる事象の構成要素に関する特定の確率分布(モデル)を措定する。このモデルは「帰無仮説」と呼ばれる。このモデルが真であると仮定したときに稀にしか起こらない事象群を確率の計算に基づいて定め,観測データがこの事象群に入ったならばこの仮説を「棄却」するという手続きをとる。措定された確率分布は人間が勝手に想定(モデリング)したものであるから,観測できる生の事象の確率をこれから導き出すことはできないのは自明である。実際,棄却が論理的に意味することは「仮説の下で非常に稀な事象が起きたか,あるいは仮説とされた確率分布が真ではないかのどちらかである」とフィッシャー自身も述べている[1]。ちなみに,この手続きには別の問題もある。一体どのくらい小さければ稀と判断すべきであろうか。非常に稀な事象を定める際に確率(有意水準と呼ぶ)としては 5% や 1% がよく使われるが,その根拠が判然としない。また有意水準は観測データの数に関係して定めるべきものと考えられるが,その決定法も明らかではない。いずれにせよ,この検定の手続きは仮説を棄却するための意志決定に関わるもので,仮説が棄却されないとき,仮説が真であることが支持されたと解釈するのは拡大解釈であり,論理的には間違っている。世間ではこの点に関する誤解が少なくないようであるが,仮説検定論のこの論理的性格は十分に認識しておく必要がある。

1983-87 年の間にドイツのダルムシュタットにある GSI(重イオン研究所)

において，原子核の衝突実験から2回注目すべき新現象があることが見つかった。既知の物理学から分かるバックグラウンドから標準偏差の約6倍の位置に離れて突出するピークがあり，99.9999%の信頼のレベルを満たすものであった[2]。それが本物ならノーベル賞に値する新粒子の発見となる。この間，これに関しては百を上回る実験と理論の論文が公刊された。ところが10年を経てこの現象の存在を否定する報告がなされ，大論争となった。1996年の *Physical Review Letters* 誌には大御所2人による賛否両論が掲載された。翌年発行された *Science* 誌には，多数の物理学者によって'新発見'は幻影であったと結論され，10年の歳月と何百万ドルが無駄になったと報じている[2]。同誌はこの件を 'an illustration of the questionable, perhaps delusive, power of statistics' であるとしているが，0.999999 という確率は上に述べたように，新現象が存在する確率ではないのみならず，そもそも人間が作った想定の下で計算されたものであることを忘れている。仮説(この例では，新現象ではないという帰無仮説)が検定で棄却されたとしても，仮説が99.9999%間違っている(すなわち，新現象がある)ことを論理的に意味するものではない。それでもなお幻影であったと認めない研究者がいるという事実も報じられていることは興味深い。「数理統計学は数学の一部である」，「数理統計学は演繹的推論の体系である」，「数理統計学を用いて行われる推論の結果は数学における定理と同じ確実性を持つ」という俗説はまったくの誤解である。数理統計学に基づく推論はあくまでも帰納的推論である。

　近頃「世論調査の結果，賛成××% 誤差±×% である」といった話や，「今後××年間にこの原発の炉心に損傷を受ける確率は×% 以下」などという形の予測を耳にする。統計学を用いると，なぜこのようなことが言えるのかを訝しく思うひとも少なくない。そのような人は健全な常識の持ち主である。なぜなら，このような言明はすべて，調査される人をランダムに選ぶことができたとか，活断層が近くを走っていないとか，巨大地震の起きる確率は云々，建物の強度が云々等のさまざまな想定の下で行われるもので，その

想定が 100% 真でなければ字義通りの意味は持たない。したがって，きわめて稀な事象に関わる確率の想定はよく吟味してかかる必要がある。一般に，統計学的推論においては「○○となる確率は○○である」，「○○の値の推定値は○○で，○○% 信頼区間○○」という形の推論結果が示されることがしばしばある。これらはすべて条件付きの命題であり，前提となる想定が100% 正しいとすれば，こういう計算になるということにすぎない。しかも想定は人間が行うのであるから 100% 正しいことなどあり得ない。統計学的推論から導かれる知識はすべて条件付き知識である。無から有は生じないのである。

拡大する知と統計科学

　科学は，社会の発展に応じてその目的と対象を拡大させ，社会の与える技術手段に応じて方法を変化させながら不断に自己を再定義してきた。物質科学の分野におけるナノテクノロジー，メタマテリアル，全地球気象，生命科学の分野における DNA データ，脳，あつらえ型医療，情報科学の分野における認知，ロボティクスなどのキーワードに示されるように，現代科学は従来の個別科学の枠を超えてその対象を急速に拡大している。主要な対象が「もの」であった近代科学とは異なり，現代科学の対象は，異なる時間スケールで変化する多様な要素が複雑かつ階層的に結合した多自由度を持つ系であり，実在論的，実体論的接近法には馴染まないものが多い。またコンピュータの発展は，Calculus による解析的計算に代わって，数値・非数値計算アルゴリズムによる推論を可能としている。

　統計学は，データの収集と整理のための技術に関する記述的な学問であると一般には理解されているが，それは過去のものである。現代の統計学は現代社会の発展に沿って，自身を「統計科学」の名の下に再定義しつつある。それは単一の事象の数量的把握にのみ関わるものではなく，相互に絡み合った複雑な事象間に伏在する関係の構造をモデリングし，先験的知識および有

限の経験データを統合し，事象の認識・予測・制御を行う方法を提供する。統計科学はいわゆる‘客観性’を擬装することをやめ，「帰納的推論の科学」に徹することにより豊かな知を生みだすことになる。

　統計科学の帰納推論には三つの要素がある。確率・統計モデル，データ，アルゴリズムである。核心をなすものは，対象の構造や法則性を柔軟に表現することができる確率・統計モデルの構築である。前世紀における量子論，認知科学，不完全性定理，計算複雑度理論，カオス・複雑系等を経験した我々は，モデル構築に際して素朴実在論的，還元主義的，決定論的アプローチのみに満足することはできない。

　前にのべた非適切問題の解法の発展を顧みると，解法に対応するモデルが，「方程式モデル」から「最適化（変分）モデル」へ，さらには「確率・統計モデル」へ進展していることが分かる[5][7]。これは科学研究におけるモデリングにおいても，普遍的に通用する方法論的な発展方向であると筆者は考えている。複数の部分系を持つシステムのモデリングを考えてみると，我々がそれぞれの部分系に対して同じ程度の先験的情報を持っているとは限らない。「この部分はよく分かっているが，そこの部分はかなり怪しい。あそこはまったく分からない」という場合が多い。このようなケースでは一つの部分系に対して方程式が立てられなければ，全体のシステムの方程式によるモデリングが頓挫してしまう。最適化問題にモデリングする場合には，よく分かっていないあるいはまったく分からない部分系を大雑把にモデリングして重みをつけて最適化すべき関数に加え込めば処理できるが，重みの値をどう決めるべきかに対する指針が得られない。しかし，この最適化（最小化）すべき関数と指数関数を結合し，正規化するとギブス分布という統計モデルを作ることができる。これにいわゆる「経験ベイズ法」を適用すれば，データに基づいて‘客観的’にそれぞれの部分系の重みを決めることができる[5][7][16]。

　従来の統計的モデリングにおいては，少数の未知パラメーターを持つモデルを措定することが慣わしであった。数理統計学においても，パラメーターの精密な推定が主要な関心事であった。これはモデリングにおけるパラメーターの

実体性をやや仮想したものであり，前に述べた近代科学における実体論的な科学観を色濃く反映しており，鉛筆と紙による計算を前提とした時代の名残でもある。我々の関心は，パラメーターの値の精密な推定にあるのではなく，それによって特定される確率分布自体にあるのは明らかである。ものごとの予測においても，1点を予測するのではなく，天気の確率予報のように確率分布を予測する方が情報量の点で望ましい。今日では，パラメーターの数がデータの数よりも大きいモデルを措定し，パラメーターに対して適切な「事前分布」を想定する「ベイズ統計学」の有用性が広く認められ[3][4][6][7][15][16]，情報処理，パターン認識，データマイニングの分野においてもその実用性が確かめられつつある。また近年，サポートベクターマシン，ニューラルネットなどのような「学習機械」が産業界においても注目されている。筆者は，ベイズ統計学の立場から，罰金付きロジスティック回帰機械[8][9][10][11][12][13][14]を提案しているが，この分野にもベイズ統計学が浸透しつつある。ニュートン–デカルト・パラダイムを越える「帰納学＝epagogics」の成立も遠い未来ではないのではなかろうか。

参考文献

[1] Fisher, R. A., *Statistical methods and Scientific Inference*, Oliver and Boyd, 1956.

[2] *The One That Got Away ?*, Science: News and Comment, 275, 10 January, 1997.

[3] Akaike, H., *Likelihood and Bayes Procedure*, Bayesian Statistics, University Press, 143-166, 1980.

[4] 赤池弘次，北川源四郎(編)，『時系列解析の実際 I, II』(統計科学選書)，朝倉書店，1994, 1995.

[5] 田辺國士，不適切問題への統計的アプローチ，『数理科学』，153 号，60-64, 1976.

[6] 田辺國士，ベイズモデルと ABIC，『オペレーションズ・リサーチ』，30 号，178-183, 1983.

[7] 田邉國士，帰納推論と経験ベイズ法──逆問題の処理をめぐって，『階層ベイズモデルとその周辺』(統計科学のフロンティア4)，岩波書店，2004.

[8] 田邉國士，帰納推論機械 PLRM と dPLRM──方法論，モデル，アルゴリズムおよび応用，『システム/制御/情報』，第51巻第2号，87-95, 2007.

［9］ Tanabe, K., *Penalized Logistic Regression Machines*: *New methods for statistical prediction* 1, Cooperative Research Report 143, "Estimation and Smoothing methods in Nonparametric Statistical Models", Institute of Statistical Mathematics, 163-194, 2001.

［10］ Tanabe, K., *Penalized logistic regression machines*: *New methods for statistical prediction* 2,（2001）, Proceedings of 2001 Workshop on Information-Based Induction Science（IBIS2001）, 71-76, 2001.

［11］ Tanabe, K., *Penalized Logistic Regression Machines and Related Linear Numerical Algebra*, 京都大学数理解析研究所講究録, No. 1320, 239-249, 2003.

［12］ Matsui, T. and Tanabe, K., *dPLRM-Based Speaker Identification with Log Power Spectrum*, Proc. Interspeech, 2017-2020, 2005.

［13］ Matsui, T. and Tanabe, K., *Comparative Study of Speaker Identification Methods*: *dPLRM, SVM and GMM*, IEICE E89-D, 3,1066-1073, 2006.

［14］ Birkenes, O., Matsui, T., Tanabe, K. et al., *Penalized Logistic Regression with HMM Log-Likelihood Regressors for Speech Recognition*, IEEE Trans. Audio. Speech and Language, Vol. 18, No. 6, 1440-1454, 2010.

［15］ Inoue, H., Fukao, Y., Tanabe, K. and Ogata, Y., *Whole mantle P-wave travel time tomography*, Physics of the Earth and Planetary Interiors, 59, 294-328, 1990.

［16］ Riera, J. J., Valdes, P. A., Tanabe, K. and Kawashima, R., *A theoretical formulation of the electrophysiological inverse problem on the sphere*, Physics in Medicine and Biology, Vol. 51, 1738-1757, 2006.

［補論］ベイズ統計と機械学習

　近年，AI が囲碁の名人に打ち勝つことで広く世間にも知られるようになったがその頭脳部をなす学習機械がどのような方法論に基づいているかを知る人は多くない。今日 Deep Learning と呼ばれる学習機械が流行しているが，便利な道具としてこの機械のソフトウェアを操る技術者も，それが対象をどのように捉えるものであるかについて方法論的な意味を自覚しているとはいえない。この補論では，機械学習がもたらす科学方法論およびエンジニアリングへのインパクトについて述べ，学習機械の設計において確率統計的接近法とりわけベイズモデルが適していることについて概観する。

ニュートン–デカルト・パラダイムからの離脱としての機械学習

　前に述べたように，従来の科学やエンジニアリングはニュートンとデカルトによる方法論に基づいて発展してきた。すなわち事象の素因となる原始要素を見つけ出し，それを精密に同定・測定し，論理的な推論によって導かれる帰結を予測し，事象の観測データと照合して，事象を理解し制御する方法論である。実際，科学研究の現場においては原始要素の精密な観測・測定が要求され，エンジニアリングにおいても精密な観測を担保する機器の製作に意が用いられる。因果関係における関与因子の数や相互作用の単純性を秘かに仮構しているこのパラダイムは無意識の裏に現代人に刷り込まれており，科学研究はおろか社会的諸制度が要求する規制に対する適合証明（たとえば薬品の有効性の証明）は，このパラダイムに則り行わねばならない。これに基づかないものは非科学的であるとして退けられる。

　しかし，機械学習の概念はニュートン–デカルト・パラダイムを覆すものである。学習機械は因果関係の連鎖の同定なしに，科学的推論を可能とする。変数の間に措定されるべき機序の先験的な発見という従来人間が行うものとされてきた帰納の営為を要しない。帰納の過程を機械化することによって科学研究過程とエンジニアリングの方法論にもう一つパラダイムをもたらしているのである。そのひとつの顕著な特徴として，学習機械における推論には精密な測定データは必ずしも必要としない。個々の対象に付随するモードの異なる数多くの変数の観測データの組み合わせの情報から学習機械は帰納的推論を実行することができる。その場合個々の変数の観測データの精密性は必ずしも必要がなく，多数の変数の組み合わせがもたらす情報のほうが機械学習による推論過程に大きな比重を占めることがある。このため機械学習は，単純な因果関係の措定が困難な生体現象のように，異なる時間スケールで相互作用しながら変化する多種な要素が結合した多自由度を持つ対象を探るうえでは格好の方法論となる。

　ガン診断においては判断材料としてガンに特異的に検出されるバイオマーカーと呼ばれる生化学的分子の量の測定が広く行われている。現在多くの医

学研究者や医療関係会社は各種ガンに対応するバイオマーカーの発見に多く
の資源を投入している。ニュートン−デカルト・パラダイムに従えば，この
バイオマーカーの探索という研究開発方針は当を得たものに見える。しかし，
個々のガンに対して 1, 2 のバイオマーカーを探索するのは賢明なことだろ
うか？ 膨大な費用が掛かるだけでなく，検証すべき仮説の数に比して必要
な検証用データの収集は容易ではない。

　ガンは遺伝子上の突然変異によって引き起こされるが，それがもたらす細
胞内外での代謝過程で生成される数多くの生化学的分子群の代謝経路は非常
に異種多様である。同じ急性骨髄性白血病と診断されるものでも，その遺伝
子の変異の仕方は多種異形となる。ガンの発生に関与する代謝分子は多重に
組み合わさってガンを発現している。一般にガンの病名は臨床的所見および
ガン細胞の形態の観察による命名に過ぎず，実体論的に定義されるものでは
ない。ガンの物理モデルはないという論文もある。したがってその代謝物質
の一つ二つをバイオマーカーとして特定することを試みるよりも，代謝分子
群全体の中の組み合わせを観測して診断するほうがはるかに理にかなってい
る。筆者らはこの点に着目して，肝臓ガン，腎臓ガン，大腸ガン，胃ガンの
細胞から検出される極微量の液滴の質量分析データに学習機械 dPLRM を
適用してガン診断支援装置を開発した[1][2][3][4][5]。しかもこの学習機
械を適用するに当たっては，精度の粗い質量分析データを用いて代謝分子群
の個々の分子を同定することなく診断に成功している。

認知と推論の道具としてのモデル

　ニュートン−デカルト・パラダイムと学習機械のパラダイムの違いを用い
られるモデルの観点から考察してみよう。モデルは世界の事象を意識的に選
択・解釈・表現し，その帰結を推論する精神活動にとって必須の道具である。
モデルには意識され日常言語や数学によって表現されるモデルだけではなく，
無意識のうちにあるモデル，すなわちイメージや日常言語の中に潜在的に取
り込まれている様々な概念もモデルの一種である。これらモデルは人間の知

的活動の基本要素であり，知識の源泉である。さらに言えば，我々が〈現実世界〉と認識しているものはすべて‘モデルの世界’にすぎないとみなすことができる。

　言うまでもなく，モデルは意識および無意識の中で働くものなので，我々がモデルで表現・解釈することによって認知する世界は〈実在する世界〉から乖離している。この当たり前の事実を，問われれば否定する人はいない。しかし多くの場面で人はモデルが描く世界と〈現実世界〉とを同一視しがちである。特に社会的に流通するモデルはあたかもそれが〈現実〉であるかのごとく取り扱われる。日常言語で表現されたモデルにおいて，モデルの中の名辞とそれが指し示す〈対象自身〉とが同一視されがちであると同様に，数学モデルにおいても数式や変数とそれが指し示す〈対象自体〉とが混同される傾向がある。ニュートン–デカルト・パラダイムにおいては素因となる原始要素をあらかじめ分節化し，その機序を先験的に規定する必要があるため，それらを実体と捉える傾向が顕著となる。実際，物理学における数学モデルの信じ難いほどの成功に恃んで「宇宙は数学で書かれている」ことを，作業仮説としてではなく真実として信じている科学者が少なくない。デリヴァティヴの価格付けの基礎となっている確率微分方程式のモデルの現実性も怪しまれることなく，金融ファイナンスの分野で流通したこともある。

　時間 t と空間 s に紐付けられた森羅万象の標識を $\omega(s, t)$ と記すとき，すべての事象の集合 $\Omega \equiv \{\omega(s, t)\}$ の共起確率分布（同時分布と呼ばれるが，ここでは時間の同時性は意味しない）を現実世界と考えるならば，モデルというものは Ω の部分集合の周辺分布を主観的に近似表現・記述するものであると言える。たとえば，事象を因果関係で捉えるのも一種のモデルである。因果の関係にあると見える二つの事象 $\omega_1(s_1, t_1)$，$\omega_2(s_2, t_2)$ $(t_1 \leq t_2)$ の共起確率分布の特定の形を我々は因果関係と呼んでいる。近代科学の発展の歴史を見ると，この周辺分布の近似表現としてのモデルは，確率分布としてではなく事象に対応する変数に関する確定した方程式，すなわちニュートンの運動方程式として科学界に登場した。方程式モデルは近・現代科学技術の発展

に巨大な役割を果たしている。時代が下るにつれて，方程式では捉えきれない事象のモデルとして変分モデル（＝最適化モデル）が考案され，さらに進んで現代では確率分布モデルに依らないでは問題を処理できない時代になった。モデルを方程式ではなく事象の共起確率分布で捉える点に学習機械の特性がある。

　機械学習のモデルとはどのようなものか？　学習機械には確率分布を措定しないものもあるが，一般に事象の共起関係を先験的に特定することなく，可塑的に拾い出すように設計されている。しかもこの共起関係に与るかもしれない事象（変数として表現される）に実体性を求める必要は必ずしもないし，本質的な素因をあらかじめ分節化する必要もない。データの次元縮約も必ずしも必要はない。無関係なものを含む現象データを単に並べ上げた超多次元の学習用データセットから意味ある共起構造を見えない形で摑み，それに基づいて推論が行われるのである。人間の意識および無意識の中に働くモデルは，各人の脳内に喚起・記憶される共起確率分布であると考えられるのではなかろうか。勘とか直感とか呼ばれる帰納推論は，この共起確率分布に基づく推論のことであると筆者は考える。学習機械はこの脳内モデルを機能的な意味で模倣するものである。

機械学習におけるモデルとベイズ統計学
　帰納推論を機械によって模倣させる試みは，1980 年代になると，ニューラルネットワーク（NN）やサポートベクターマシン（SVM）など，与えられたデータの集合からその裏に潜む規則性を，その形に関する強い仮説を設けることなく捉える学習機械を生み出した。これを推進したのは情報科学および認知科学の研究者達であったが，近年では統計科学や計算機科学の研究者が参入し，HMM，CART，ベイジアンネット，AdaBoost，dPLRM など，機械学習モデルの確率・統計モデル化が進んでおり，現在ではこれ以外にも数多の学習機械が登場しつつある。本来ならば帰納的推論をなりわいとし，時系列モデルやロジスティック回帰モデルなど数々の有用な推論モデルを生

み出してきた統計学者が学習機械の最初の発明者であるべきであったと筆者は考える。もっともニュートン-デカルト・パラダイムを擬した仮説検定論や推定論などの'擬似演繹的推論法'に依拠した伝統的数理統計学が風靡していた以前の統計学界には望むべくもなかったかもしれない。

　伝統的統計学の立場からは長らく異端視されてきたベイズ統計学におけるモデルの構築法は機械学習に最も適合したモデル表現を与えるものである。従来の統計学においては「真のモデル」と称する〈真の構造〉が人間が想定した特定の数学的形式に含まれることを前提とした上で，パラメター値の精密な推定を課題としていた。ベイズ統計モデルに基づく学習機械においては，〈真の構造〉の形式はまったくわからないという前提の下で，きわめて柔軟で可塑的な内部モデルを用意したうえで，経験データを最も良く説明・予測する内部パラメター値を学習（推定）する。

　一般に学習機械におけるモデルは，内部パラメターを調節すればどんなデータにも適合しうる「グニャグニャ」の可塑性を持ったモデルを用いるので，学習データに過剰適合してしまい，学習に用いなかった未知データに対する予測力がなくなるという現象が生じ得る。これを回避し予測性（汎化性）を損なわない仕組みが学習機械には備わっている。NN ではパラメター推定を反復法で実行するが，その反復回数を人為的に制限するなどのアドホックな方法により汎化性を獲得する。ベイズモデルに基づく学習機械においては正則化モデルと呼ばれる内部パラメターに対する事前分布を導入し，内部パラメターの動きを間接的に柔らかく制限することにより汎化性能を確保する。この制限の強さを制御するハイパー・パラメターの値を調節する必要があるが，人為的な介入を要することなく予測力の高いパラメター値の決定が可能である。さらにハイパー・パラメターに対する事前分布を階層的に導入して，学習データに多くを語らせるように仕組むこともできる。ベイズモデルに基づく学習機械の優位性はこの点にある。

機械学習の適用領域と限界

　学習機械は帰納的な推論機構なので，帰納という営為の持つ本質的限界を免れない。すなわち有限個の学習用データセットから推論機構を学習するため，学習用データセットから大きく外れた未知データに対する予測力はない。しかもそれが外れたデータであるか否かはあらかじめわからない。この点は学習機械の適用に当たって十分留意する必要がある。また学習機械による推論にはその機序が人間には解釈不能であるという問題もある。解釈して '判る' という心の働きは解釈者が生得的および経験的に獲得した心象，概念，言語，数学などの既知の知識（これら自体もモデルの集合とみることができる）に照らして馴染みがあるか否かという主観的なものである。光のモデルとして粒子モデルと波動モデルを現代の我々は受け入れているが，一時代前の人々には受け入れがたい矛盾と映ったに違いない。因果律的解釈に囚われている我々の意識にとって量子力学におけるシュレディンガー方程式モデルから導かれる帰結は判るとは言い難い。ニューラルネットワークモデルに基づくアルファ碁のアルゴリズムの数学的記述は説明できてもどういう機序で囲碁の名人を破ることができたかを '判る' ことはできない。

　現代の我々の頭脳は因果推論に深く染まっているので因果の連鎖をすべて提示されない限り，入出力の関数関係がブラックボックスでは '判る' ということにはならないが，近い将来に学習機械のモデルが様々な分野で実用化される時代が来れば，事情は変わるものと思われる。解釈可能性の概念は歴史的・文化的文脈に強く依存するものである。「飛行機はなぜ飛ぶのかはわからない」という識者の発言を聴いたことがある。筆者の経験した例では，近接場光というナノメートル・スケールの空間における微細な物質群による光の多重散乱による電場をもとめる方法に，マックスウェル方程式モデルに基づく FDTD 法と呼ばれる数値計算法がある。この方程式に含まれる誘電率というパラメーターは原子の一定の大きさの集団に定義されるもので，ナノスケールの世界では定義・解釈することはできないパラメーターである。にもかかわらず本当の場が計算できるかは定かではないが斯界では FDTD 法が標

104

準的方法として受け入れられている。これらの有用性を重視する工学分野と同様に，機械学習はエンジニアリングの分野には大きなインパクトをもって迎えられると思われる。ここしばらくは機械学習が科学界には受け入れられそうにはないが科学研究の探索的フェーズにおいては大いに活用されることが期待される。

参考文献

［1］ 竹田扇，吉村健太郎，出水秀明，平岡賢三，谷畑博司，田邉國士，中島宏樹，堀裕和，質量分析法と統計的学習機械を組み合わせた新規がん診断支援装置の開発，島津評論，Vol. 69〔3・4〕, 203-210, 2013.

［2］ Yoshimura Kentaro, et al, *Real-time diagnosis of chemically induced hepatocellular carcinoma using a novel mass spectrometry-based technique*, Analytical Biochemistry, 441, 32-37, 2013.

［3］ Tanabe Kunio, et al, *dPLRM Revisited*: *Towards Cancer Diagnosis with PESI-Mass Spectrometry Data*, Poster presented at the 61st Annual Conference on Mass Spectrometry, Tsukuba, Japan, Mass Spectrometry Society of Japan, 2013.

［4］ Yoshimura Kentaro, et al, *Analysis of Renal Cell Carcinoma as a First Step for Developing Mass Spectrometry-Based Diagnostics*, Journal of American Society for Mass Spectrometry, 2012.

［5］ 特許6189587号，質量分析装置，及び該装置を用いた癌診断装置，2017.

第 II 部

階層ベイズ講義

伊庭幸人

はじめに

　ベイズ統計，特に階層ベイズモデルの枠組みが有用なのは，さまざまな統計手法の交差する場所として，ここ数十年にわたる各分野での進歩の合流点になっているという点が大きい．ざっと考えただけでも，図1のような内容が**「階層ベイズモデリング」**というひとつの形式の中に流れこんでいるのである．逆にいえば，階層ベイズモデルによるモデリングの基本を学べば，こうしたさまざまな手法に相当することがある程度できるようになるわけである．**「ユーザーが自分で考えるデータ解析」**のひとつの到達点が階層ベイズモデリングである，といわれるゆえんである．

　階層ベイズモデリングの持つ「データの生成過程を確率分布で表現する」

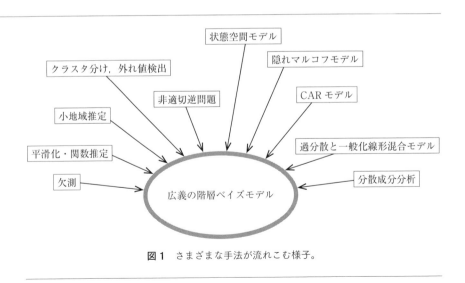

図1　さまざまな手法が流れこむ様子．

「直接観測されない隠れた要素(潜在変数)を多数考える」「線形モデルや正規分布にこだわらず，離散と連続を同等に扱う」という3つの特性が，さまざまな問題を柔軟に表現することを可能にしたポイントだと思われる。

この本の第Ⅰ部の各解説からも，こうした様子はうかがえるが，この第Ⅱ部では，それらをつなぐ横糸として，3つの視点からの小講義とその準備のための枠組みのまとめを用意した。図1の内容をできるだけコンパクトにまとめるとともに，各話題について，階層ベイズの世界からはみだす積み残しやほころびの部分にもできるだけ触れたい。これらを通じて，潜在変数を駆使したモデリングの世界の拡がりを感じていただければ幸いである。

構成と文献の引用

3つの小講義はゆるく連携しているが，多様な視点を示すことに力点があるので，好きな順番で読まれても大きな問題はないと思われる。

文中では，この本の第Ⅰ部の各解説をはじめ，『岩波データサイエンス』や『統計科学のフロンティア』の各巻を積極的に引用して，階層ベイズモデリングを軸としたガイドツアーとしても読めるようにした。

この講義では，文献を引用するのに以下のような略号を使う。

［岩波 DS］『岩波データサイエンス』全6巻(岩波書店)

［統フロ］『統計科学のフロンティア』全12巻(岩波書店)

［久保緑本］『データ解析のための統計モデリング入門』
　　　　　　　(久保拓弥，岩波書店)

［PRML］『パターン認識と機械学習』(C. M. ビショップ，丸善出版)

たとえば［岩波 DS1］とあれば『岩波データサイエンス』Vol. 1，［統フロ3］とあれば『統計科学のフロンティア』第3巻のことである。

このほか，ベイズ統計全般については

Gelman ほか『Bayesian Data Analysis』(Chapman and Hall/CRC)

ベイズモデリングの実際については

松浦健太郎『Stan と R でベイズ統計モデリング』(共立出版)

をあげておく。

記号と用語

この講義では「確率密度関数や確率関数はすべて p であらわして引数で区別する」という慣習にしたがうが，必要な場合には添え字などで区別する。また，確率変数も確率密度関数の引数も同じ文字（通常は小文字）で書く。これもベイズ統計の書物では広く行われている方式で，登場するたくさんの確率変数をすべて大文字で書くとかえって読みにくくなるためである。

データをあらわす変数はなるべく $y=\{y_i\}$ に統一した。y が個々の観測の集まりであることを強調する場合には，$p(\{y_i\})$ のように成分が明示された形を用いたが，これは $p(y)$ と内容的には同じである。

「局所的なパラメータ」に対しては講義 1 と付録 B では θ，ほかの大部分で x を用いている。講義 1 の一部で「説明変数」に x を用いているので混同しないようにしてほしい。

積分 $\int$ は，特に指定がなければ，考えている空間全体について行うとする。原則として多重積分についても積分記号は 1 個だけにする。

謝辞
原稿にコメントをいただいた立森久照，加藤直広，久保拓弥，二宮嘉行，丸山祐造の各氏に感謝する。

講義 0
ベイズ・階層ベイズ・経験ベイズ

　最初に，関連するベイズの枠組みをざっと紹介する。この本の第 I 部の伊庭の解説でも簡単な説明をしたが，ここでは，階層モデル以降を中心にもう少し詳しく説明する。このあとの講義では，この枠組みに「はじめに」の図 1 の中身を詰めていくことになる。

　なお[岩波 DS1]の冒頭の記事「ベイズ超速習コース」では，階層モデルの手前までのベイズ統計の筋道を「生成モデル」の観点でまとめたので，そちらも参照されたい。

ベイズ

　ベイズ統計の枠組みでは，データ y が確率分布 $p(y|x)$ から生成されるという仮定に加えて，その確率分布を決めるパラメータ x も別の確率分布 $p(x)$ からのサンプルであるとする。$p(x)$ を x の**事前分布**という。いいかえれば，得られたデータ y の背後に $\to x \to y$ という生成プロセスを仮定するわけである[1]。

　すると，いわゆるベイズの公式(ベイズの定理)を使って「データ y が得られたときのパラメータ x の分布」が

$$p(x|y) = \frac{p(x, y)}{\int p(x, y)dx} = \frac{p(y|x)p(x)}{\int p(y|x)p(x)dx}$$

と求まる[2]。ここで，積分の範囲は x の定義されている範囲全体であり，x が多変量のベクトルであれば積分は多重積分となる(離散変数なら和に読みかえる)。この分布を x の**事後分布**と呼ぶ。x のみに興味があるときは，分

講義 0　111

母を $1/C$ として $p(x|y) = Cp(y|x)p(x)$ と表記することもできる。C は事後分布の正規化定数に相当する。

事後分布から情報を抽出する方法はいろいろ考えられる。ひとつの方法は，興味のある統計量 $A(x)$ の事後分布のもとでの期待値や中央値，四分位数などを計算することである。また，事後分布の確率密度を最大にする x の値を x の推定量とすることもあり，これは **MAP 推定量**と呼ばれる。

事前分布 $p(x)$ が十分大きな範囲に拡がった分布で，MAP 推定量への影響が少なければ，MAP 推定量は $p(y|x)$ を最大にする x と近似的に一致する。データ y を与えたときの $p(y|x)$ は x の**尤度**にあたることから，これはベイズ統計以外でも広く使われる**最尤推定量**にほかならないことがわかる。

このほか，パラメータ x そのものではなく，推論した x にもとづく未来のデータ z の予測が目的だという場合も考えられる。このときは，z の予測分布

$$p(z|y) = \int p(z|x)p(x|y)dx = \frac{\int p(z|x)p(y|x)p(x)dx}{\int p(y|x)p(x)dx}$$

が推論の目標になる。ただし，$p(z|x)$ は $p(y|x)$ と同じ分布をあらわす。

事前分布の影響

「パラメータ x についての事前知識がない」ことを表現する大きな広がりをもつ事前分布のことを「無情報事前分布」とか「散漫事前分布」ということがあるが，この適切な設定は意外と難しいことがある。

逆に，事前分布の部分に積極的に知識を取り込むこともできる。一般に，パラメータ x の成分の個数を固定して，データ y のサンプルサイズを大きくすると，無情報でなくても，事前分布の部分の効果は少なくなって，ベイズ推定でも最尤推定でも同じような結果に近づくことが多い[3]。これに対して，サンプルサイズが小さいときは，事前分布 $p(x)$ とデータを含む部分 $p(y|x)$ の釣り合いで，推定結果が決まる。これは「バイアスとばらつきの

112

バランス」の表現として興味深いが，$p(x)$ が天下りの「主観」で決められているのでは，いまひとつ有用性に欠ける。この点の改良を考えるのが，以下で説明する階層ベイズや経験ベイズである。

階層ベイズ

階層ベイズモデリングの考え方は単純で，事前分布 $p(x)$ にパラメータ γ を入れて，$p(x|\gamma)$ とし，この γ にまた事前分布 $p(\gamma)$ を仮定する。データの生成過程からみると，もう一段つけ加えて，$\rightarrow \gamma \rightarrow x \rightarrow y$ とすることに相当する。こうしたモデルを**階層ベイズモデル**という。

このような仕組みを導入することで，x の事前分布を単なる主観ではなく，データに適応的に決める，というのが基本的な考え方である。サンプルサイズが小さいままで適応的に決めたらかえって破綻してしまうが，異質性・非一様性のあるデータをまとめて扱うことで，サンプルサイズは大きくできる。その異質性・非一様性は x の部分で吸収するのである。

この設定のもとで，x と γ の同時事後分布は

$$p(x,\,\gamma|y) = \frac{p(y|x)p(x|\gamma)p(\gamma)}{\displaystyle\int p(y|x)p(x|\gamma)p(\gamma)dxd\gamma} \tag{1}$$

と書ける。

すぐ後で述べるように，多くの例で x は多変量のベクトル $x=\{x_1,\,x_2,\,...\}$ なので，その成分数が多いときは，事後分布での統計量の期待値を計算するのは容易ではなく，たとえば**マルコフ連鎖モンテカルロ法**（MCMC）のような強力な計算法が必要になる（MCMC については［岩波 DS1］や［久保緑本］で使い方が，［統フロ 12］の伊庭の解説で原理が説明されている）。

この枠組みにどういう中身を入れるかはこのあとの講義で議論するが，多くの興味ある応用例で，x の成分の個数がサンプルサイズ（観測の数）の増加にしたがって増える点が重要である。この意味で，$x=\{x_i\}$ は「局所的なパラメータ」あるいは「ミクロなパラメータ」という性格のものになる。これ

講義 0　113

に対し，γ のようなパラメータは「大域的なパラメータ」あるいは「マクロなパラメータ」と呼べるだろう[4]。同時事後分布 (1) からの MCMC によるサンプリングの過程では，x の各成分の情報が γ の推定に使われ，それがまた x の各成分の推定にフィードバックされる。

ミクロとマクロ

「ミクロ」「マクロ」という表現は統計物理とのアナロジー[5]を意識しているが，統計物理での分子やスピンの数が 10^{23} といった巨大な数になるのに対し，階層ベイズモデルの「局所的な変数」の数（成分数）はそれほど多くないことに注意する必要がある。これは応用による違いもあり，画像データや時系列データのモデリングでは局所的な変数の数が数百とか数十万に及ぶことが珍しくないが，第Ⅰ部で対象にする狭義の階層ベイズモデルの場合には，数十から 10 個未満の場合もあると思われる。

経験ベイズ

さきの節では，x と γ の同時事後分布 $p(x, \gamma|y)$ を直接扱う推定法を考えた。これを**フルベイズ法**と呼ぶことがある。これに対して，近似的な方法として，まず，γ の周辺事後分布

$$p(\gamma|y) = \int p(x, \gamma|y)dx = \frac{p(\gamma)\int p(y|x)p(x|\gamma)dx}{\int p(y|x)p(x|\gamma)p(\gamma)dxd\gamma} \tag{2}$$

を考えて，これを最大化する γ^* を点推定量として選ぶという考え方がある。実際には，$p(\gamma)$ が無情報事前分布で結果にあまり影響しないとして，それを除いて簡単化した

$$L(\gamma) = p(y|\gamma) = \int p(y|x)p(x|\gamma)dx$$

を最大にする γ^* を選ぶ方法がよく使われる。この L のことを，Good は**タイプⅡ尤度**，赤池は ABIC と呼んでいる[6]。**周辺尤度**とか**エビデンス**と呼ぶ

こともある。γ^* の推定値を求めたあとは，x の事後分布を

$$p(x|y, \gamma^*) = \frac{p(y|x)p(x|\gamma^*)}{\int p(y|x)p(x|\gamma^*)dx}$$

で近似するという，2段構えの方法がとられる[7]。この方法を**経験ベイズ法**，あるいは**エビデンス近似**という。

　歴史的には「経験ベイズ法」という言葉は多様な意味で使われていて，たとえば「過去の別のデータセットから推定した事前分布を使う」といった手法も「経験ベイズ法」と呼ばれることがある。また，現在のデータのみを使う方法の中でも見方や手法の違いがある。新しいテキストではこの講義と同じ意味に使われることが多いと思うが，注意されたい。

　一方で，経験ベイズ法に相当することは，ほかの名前でもいろいろ行われている。たとえば，状態空間モデルや隠れマルコフモデルにおける「最尤推定」は，観測されない状態について和をとった周辺尤度を最大化しているので，ここでいう経験ベイズ推定と等価である。それ以外にも「潜在変数」や「欠測」の扱いで出てくる手法には経験ベイズ法と本質的に同じものがある。

「経験ベイズ」をめぐる考え方と歴史

　赤池をはじめとして，ベイズ統計の流れでこの方法を考えた人たちは，かならずしも「フルベイズに対する近似」とは考えておらず，むしろ「最尤推定の考えとベイズの考えをうまく組み合わせる」という発想から出発している場合も多いと思われる。また，Good と並んでこの分野の草分けである Robbins は，周辺尤度の最大化と違う方法で事前分布を推定する手法を「経験ベイズ」と呼んでいる（ノンパラメトリック経験ベイズ）。

　時期的には，Robbins や Good が 1950 年代から 60 年代で最も古く，あとの講義で出てくる Efron の研究が 1970 年代，赤池とその周辺の研究者による平滑化事前分布を駆使した研究が 1980 年代初めからである。そして，1990 年代から，フルベイズを中心に，MCMC によるベイズモデリングの大衆化の時代がはじまる。

講義 0　115

階層ベイズ法の目的

ここまでの説明では，階層ベイズ法や経験ベイズ法は「局所的なパラメータ x に興味があり，そのための事前分布 $p(x|\gamma)$ をデータから決める」という話だった。

しかし，実際は，階層ベイズモデルと同じデータの生成モデルを考えても，大域的なパラメータ γ やそれから定まるデータ生成プロセスの全体（混合分布）のほうに興味がある場合もある。また，$p(y|x)$ の部分に「回帰直線の傾き」のようなパラメータが含まれていて，主に知りたいのはその値だ，というケースもある。実際にはそれらが入り混じって階層ベイズの世界を構成しているのだが，次の講義 1 ではその辺を少し突っ込んで考えてみたい。

なお「興味のあるパラメータの違い」は，予測分布としてどのようなものを考えるかに反映される。したがって，階層ベイズモデルでは予測分布に相当するものが複数考えられるわけである。そのあたりの様子は［付録 A］にまとめた。

注
1) 「想定されるデータの集合を確率も含めて適切に記述する」ことが目的なので，必ずしも物理的・生物的に正しい生成プロセスである必要はない。
2) 「ベイズの公式」というときは，この式で「最左辺＝最右辺」をさすのが普通だが，同時確率密度をまず考えて「最左辺＝真ん中」とするのが便利なこともある。
3) モデルや状況によっては，ベイズ推定と点推定の違いや事前分布の効果がパラメータの個数（成分数）を固定してサンプルサイズを大きくしても残る場合もある。そうした現象はいわゆる特異モデルに関係して研究されている。
4) 分散分析の文脈でいえば，局所的なパラメータが**ランダム効果（変量効果）**，大域的なパラメータが**固定効果（母数効果）**におおむね相当する。ただし，この講義では，時系列や空間データのモデル，クラスター分けのモデルなどずっと広い範囲を扱う。また，講義 1 で述べるように，ランダム効果と固定効果の双方に興味がある。
5) この講義では触れなかった統計物理とのアナロジーについては，伊庭幸人『ベイズ統計と統計物理』（岩波書店，2003）を参照。
6) 正確にいうと，赤池の ABIC はタイプ II 尤度の −2 倍に AIC 型の補正を加えたものである．1980 年代の統計数理研究所におけるこの分野の研究の様子は［岩波 DS1］のコラム記事で紹介した。

116

7) この場合，γ と x の各成分の間のフィードバックプロセスはなくなってしまうと思うかもしれないが，詳しくみると，$L(\gamma)$ の最大化（たとえば[付録C]の式(2)を反復法で解く過程）の中に埋め込まれていることがわかる。

講義 1
階層ベイズの2つの顔

この講義では，局所的なパラメータが事前分布から独立に生成されるタイプのモデル（狭義の階層ベイズモデル）を考える[1]。原型となる2つの話題を取り上げ，まったく違う起源の話がどちらも階層ベイズモデリングへと流れ込んでいく様子を眺めることにする。

1 スタイン推定量から階層ベイズへ

階層ベイズモデリングのひとつの起源として「縮小推定」の問題がある。以下では「スタイン推定量」という不思議な理論の話から始まって，それを実際の問題に生かすという話，そして，階層ベイズモデルから似たことが導出できる，という流れを大まかにたどってみよう。この話題の詳細は，たとえば[統フロ3]の久保川の解説にある[2]。

問題設定

いま，n個の観測値$\{y_i\}$があって，各y_iは別々の期待値θ_iを持つ正規分布

$$p(y_i|\theta_i) = \frac{1}{\sqrt{2\pi\sigma^2}} \exp\left(-\frac{(y_i-\theta_i)^2}{2\sigma^2}\right), \quad i=1,\ldots,n \quad (1)$$

から得られたと仮定する。たとえば，y_iが「重さ」だとすると，$y_1, y_2, \ldots$は「あるクラスの生徒の体重」でもよいし，「いろいろな種類のペットの体重」や「家の中にある家具の重さ」でもよい。y_iの期待値θ_iには何の仮定もしないので，y_iの間には何の関係もなくてもよいことになる。ただし，

各正規分布の分散, すなわち測定誤差はすべて同じ σ^2 で既知だと仮定する[3]。また, 技術的な条件として, サンプルサイズ n は 4 以上とする。

以下では, 推定量 $\theta_i^*(\{y_i\})$ の良さの尺度として, パラメータの真値 θ_i と推定値の 2 乗誤差の期待値

$$\mathbb{E}\left[\sum_{i=1}^{n}(\theta_i^*(\{y_i\})-\theta_i)^2\right] \tag{2}$$

を考える。$\mathbb{E}[\ ]$ は「データ $\{y_i\}$ を何回ももとの分布 (1) から発生させたときの期待値」(訓練データについての期待値) である。

スタイン推定量

上の問題設定では, i ごとにひとつの測定値 y_i しかないので, θ_i の推定量はそれぞれの測定値そのままの

$$\widehat{\theta}_i = y_i$$

とするのが常識だろう。最尤推定量や分散最小の不偏推定量もこれと一致する。したがって, (2) を最小にする推定量 $\theta_i^*(\{y_i\})$ も, 上の $\widehat{\theta}_i$ になると思うにちがいない。

ところが, **そうはならないのだ**。どのような $\{\theta_i\}$ についても

$$\begin{aligned}
\widehat{\theta}_i^{\mathrm{S}} &= (1-a)y_i + \frac{a}{n}\sum_{i=1}^{n}y_i, \\
a &= \frac{\sigma^2}{s^2}, \quad s^2 = \frac{1}{n-3}\sum_{i=1}^{n}\left(y_i - \frac{1}{n}\sum_{j=1}^{n}y_j\right)^2
\end{aligned} \tag{3}$$

とした推定量 $\widehat{\theta}_i^{\mathrm{S}}$ のほうが, 式 (2) の値を小さくすることが, 数学的に厳密に証明できてしまうのである[4]。これを**スタイン推定量**と呼ぶ[5]。その証明の概略は [付録 B] に示した。

式 (3) の直観的な意味は

それぞれの y_i を, 全部の $\{y_i\}$ の平均値 $\dfrac{1}{n}\sum_{i=1}^{n}y_i$ の方向に a だけ引っ

講義 1　119

　　　　張ってやる

ということである。これは**縮小推定量**と呼ばれるものの一種で，いまの場合は「平均との差」を「縮小」することを意図している。そのときの「引っ張る程度」をあらわす a を人間が手で決めずに，2行目の式（意味がわかりやすいように2つに分けて書いた）でデータから適応的に決めるのがキモである。

スタイン推定量の仕組み

初めてこの話を聞いたら「何かおかしい」と思うのが，自然な反応だろう。これでは，まるで

　　　　関係のないものを一緒にはかると結果が良くなる

と言っているのと同じではないか。

式(3)をよく観察してみよう。「登場する正規分布の平均 θ_i のばらつき」が大きいと

$$s^2 = \frac{1}{n-3} \sum_{i=1}^{n} \left(y_i - \frac{1}{n} \sum_{j=1}^{n} y_j \right)^2$$

も大きくなるが，式(3)によると，この s^2 と「期待値を与えたときの観測値の分散」 σ^2 の比 σ^2/s^2 が「θ_i の推定量 $\widehat{\theta}_i^S$ に全体の平均値を混ぜる比率」 a を決めている。

測定したもの同士が「関係がない」すなわち期待値 θ_i がバラバラな場合には，s^2 が σ^2 と比べて大きくなるので，a はほとんどゼロになり，(3)で定義される $\widehat{\theta}_i^S$ は $\widehat{\theta}_i = y_i$ にほぼ等しくなる。本当に関係がない場合には，余分な項の推定値への影響は消えるようになっているのである。

一方，「関係がある」すなわち期待値 θ_i の値が近いものを同時に測定した場合は，s^2 が小さくなるので，a の値が無視できない大きさになり，$\widehat{\theta}_i^S$ は

全体の平均 $\frac{1}{n}\sum_{i=1}^{n} y_i$ に引き寄せられる。$\hat{\theta}_i^S$ の値はデータ $\{y_i\}$ に依存して確率的にばらつくが，その分散はこの引き寄せる操作によって減少することが期待される[6]。一方で $\hat{\theta}_i^S$ の期待値はもはや θ_i に一致せず，バイアスが生じることになる。

細かいことをいうと，確率的な変動で $s^2 < \sigma^2$ になると，奇妙なことが起きる。$a = \sigma^2/s^2$ が 1 より大きくなるので，$\hat{\theta}_i^S$ は全体の平均値のほうに引き寄せられるのではなく，それを飛び越えて反対のほうに行ってしまう！ s^2 の期待値が σ^2 に近ければ，これは無視できない確率で起きるかもしれない[7]。しかし，興味深いことに，この効果があっても，それを込みにして［付録B］の証明は成立する。また，この欠点をなくす改良も容易である[8]。

以上をまとめると，$a \neq 0$ の場合には，個別の i についての $\hat{\theta}_i^S$ の値にはバイアスが生じるが，確率的なばらつきが減るので，a の値をデータによってうまく調節して後者の効果が勝てば 2 乗誤差の期待値(2)は減少する。「どのような $\{\theta_i\}$ についても，(2)の意味で悪くならない」という数学的証明があることは，この調節機構がうまく実現されていることを意味する。

逆説から応用へ

はじめは逆説のように思えた式(3)であるが，「バイアスとばらつきのバランスをとっている」と考えると，実際の役に立ちそうである。

初期のよく知られた応用例としては，1975 年の Efron らの論文にある「大リーグの打者の打率をシーズンはじめの少ない打席から推定する」問題がある[9]。この例では，シーズン末の打率（推定に使った打席の分は除く）が「真の打率」だとして結果を評価した結果，（注9の変換後の）2 乗誤差の意味で実際に精度が上がっていることが確かめられた。

ただし，良くなるのは，式(2)で期待値をとっている中身，すなわち「打者全体についての 2 乗誤差の和」である。この例では，個々の打者についても 2 乗誤差が良くなっている場合が多いが，全部ではない。データの中にまじっているひとりの強打者の場合には，シーズン初めの打率が 4 割なのに対

し，シーズン末までの通算でも3割4分6厘とかなりの成績である。これに対し，(3)の推定量は凡人の基準で縮小しすぎて2割9分という申し訳ない予測値になっている。縮小のしすぎを改善するような推定量も論文では提案されているが，それはある意味で「万能薬はなく，現実に合わせたモデリングが必要」なことを示唆しているともいえる。

別の例として，調査などを行った場合に「地域ごとに分けるとサンプルサイズが不足して誤差が大きくなるが，全部平均してしまうと地域差がまったく見えなくなって困る」といったケースにも応用できる。これを**小地域推定**の問題と呼ぶ。具体例は，たとえば第I部の丹後の解説や[岩波DS4]の高橋の解説「空間疫学への誘い──難病の地図から何が見えるか」にある（ただし，スタイン推定そのものではなく，すぐあとで説明するベイズによる扱いである）。

> **バイアスとばらつきのバランスをとる**
> 　古典的な統計学の枠組みでは「推定量はできるだけバイアスがないほうがよい」と考えられてきたが，ここでは「バイアスとばらつきのバランスをとる」という別の考え方が導入されている。これは[岩波DS5]の冒頭の解説でモデル選択の観点から説明した "bias-variance dilemma" の見方の一例にほかならない。[岩波DS5]で紹介した赤池情報量規準(AIC)などとともに，スタイン推定はこうした考え方のルーツのひとつである。

ベイズ統計による解釈

いままでは，スタイン推定量の式(3)は天下りで与えていたが，こうした推定量を直観的に求める方法はないだろうか。

ここまでの話では「θ_iのばらつき」は出てくるが，$\{\theta_i\}$自体は正規分布のパラメータで，確率変数ではなかった。以下では，ベイズ統計の立場をとって，$\{\theta_i\}$を確率変数と考えてみよう。

まず，θ_iの事前分布を，平均θ_0，分散δ^2の正規分布と仮定する。

122

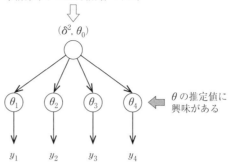

図1 仮定したベイズモデル。いちばん上のパラメータがさらにそれらの事前分布から生成されたと仮定すれば階層ベイズモデルになる。以下での取り扱いは，その階層ベイズモデルを経験ベイズ法によって扱うことに相当する。観測が i ごとに 1 つしかないのにベイズ推定がうまく行くのは式(1)の σ^2 を既知としているからである。

$$p(\theta_i|\delta^2, \theta_0) = \frac{1}{\sqrt{2\pi\delta^2}}\exp\left(-\frac{(\theta_i-\theta_0)^2}{2\delta^2}\right) \quad (4)$$

$\{y_i\}$ はこの節の冒頭の式(1)で仮定した $p(y_i|\theta_i)$ から i ごとに独立に生成されるとする。図示すると，図1のようなモデルになる。

すると，ベイズの公式から，θ_i の事後分布は

$$\begin{aligned}p(\theta_i|y_i,\delta^2,\theta_0) &= Cp(y_i|\theta_i)p(\theta_i|\delta^2,\theta_0)\\ &= C'\exp\left[-\frac{(y_i-\theta_i)^2}{2\sigma^2}-\frac{(\theta_i-\theta_0)^2}{2\delta^2}\right]\end{aligned} \quad (5)$$

と書ける。C, C' は δ^2 を含む正規化定数である。式(5)の角括弧の中を最大にする θ_i が事後密度を最大にする推定量(MAP推定量)であるが，これは，θ_i で微分してゼロとおくと，

$$\theta_i^{\mathrm{MAP}} = (1-b)y_i + b\theta_0, \quad b = \frac{\sigma^2}{\delta^2+\sigma^2} \quad (6)$$

と求まる。

経験ベイズ

以上で，スタイン推定量(3)に似た式(6)が出てきて，(3)の s^2 が $\delta^2+\sigma^2$ に対応することがわかった。しかし，これだけだと，事前分布の平均 θ_0 と

分散 δ^2 が未知なので，もうひとつ面白くない。そこで，θ_0 と δ^2 をデータから推定しよう。

ベイズモデリングの考え方に徹するなら，事前分布のパラメータである θ_0 と δ^2 にさらに事前分布を仮定して，θ_0 と δ^2 を含めた同時事後分布を考えることになる。階層ベイズモデルの考え方である。

ここでは，その経験ベイズ法による近似を用いることにしよう。すなわち，θ_0 と δ^2 の事後分布を直接扱う代わりに，周辺尤度

$$L(\delta^2, \theta_0) = \int \left[\prod_{i=1}^{n} p(y_i|\theta_i)p(\theta_i|\delta^2, \theta_0) \right] d\theta_1 \cdots d\theta_n \qquad (7)$$

を最大化する θ_0 と δ^2 を選ぶのである（こんどは異なる i をまとめて考える必要があることに注意）。

式(7)をまじめに計算してもよいが，事前分布(4)と分布(1)から y_i の値を生成することは，Z_i, W_i をそれぞれ平均が 0 で分散が σ^2, δ^2 の正規分布から独立に生成された乱数として

$$y_i = \theta_i + Z_i = \theta_0 + Z_i + W_i$$

とするのと同じだから，計算しなくても y_i の周辺分布は平均 θ_0，分散 $\delta^2 + \sigma^2$ の正規分布になることがわかる。

経験ベイズ法による推定は，この正規分布にデータを入れたものを尤度とみなして，平均 θ_0 と分散 $\delta^2 + \sigma^2$ の最尤推定を行うのと等価なので，得られる推定量は

$$\widehat{\theta}_0 = \frac{1}{n} \sum_{i=1}^{n} y_i, \quad \widehat{\delta}^2 + \sigma^2 = \frac{1}{n} \sum_{i=1}^{n} \left(y_i - \frac{1}{n} \sum_{j=1}^{n} y_j \right)^2 \qquad (8)$$

となる。(8)を式(6)の θ_0 と $\delta^2 + \sigma^2$ に入れると，$\widehat{s}^2 = \widehat{\delta}^2 + \sigma^2$ と書くことにして，

$$\hat{\theta}_i^{\mathrm{EB}} = (1-c)y_i + \frac{c}{n}\sum_{i=1}^{n}y_i,$$

$$c = \frac{\sigma^2}{\hat{s}^2}, \quad \hat{s}^2 = \frac{1}{n}\sum_{i=1}^{n}\left(y_i - \frac{1}{n}\sum_{j=1}^{n}y_j\right)^2 \tag{9}$$

となり，縮小の度合 c の表式を含めて，スタイン推定量(3)そっくりの式が出てきた。

　ぱっと見の違いはスタイン推定量(3)で $n-3$ のところが，経験ベイズ推定から出てきた推定量(9)では n になっていることである。これはあまり本質的でなくて，最尤推定量を精度(分散の逆数)の不偏推定量に置き換えてやることで，完全に同じ式を出すことが可能である[統フロ3]。

2つの考え方の違い

　スタイン推定の考え方からも，ベイズの考え方からも，似たような式が出てきたが，その中身はどのように違うのだろうか。

　まず，まったく同じ式が出せたとしても，ベイズモデルからは「任意に与えた $\{\theta_i\}$ について改良される」という「証明」は出てこないという点に注意したい。スタイン推定の「証明」は，ベイズモデリングで仮定した事前分布とはまったく違う分布からデータが発生したときでも「大して良くはならなくても，悪くはならない」ことを保証しているわけで，これはとても強い結果である。また，事前分布が「正しい」場合でも，ベイズ推定から出てくるのは「同じ事前分布からたくさんの $\{\theta_i\}$ を発生させたときの平均的良さ」なのに対し，スタイン推定について証明されているのは「任意に与えた $\{\theta_i\}$ についての良さ」である[10]。

　このように書くと，スタイン推定のほうが無条件に良いように思われるかもしれない。しかし，スタイン推定量が得られる場合でも「積極的にすごく良くなる」のは $\{\theta_i\}$ が一定の条件を満たす場合だけである。また，その場合でも「個々の i についての良さ」までは保証されないことは，野球の打率の例で論じた通りである。これらを改良しようとすると，結局は「事前分布

講義1　125

も含めたモデリング」に相当するものが必要になる。

　そして、いちばん困るのは、ある程度以上話が複雑になると証明が難しくなり、あるところから先では、証明ができないだけでなく、もはや「任意に与えた $\{\theta_i\}$ について少なくとも悪くはならない」という性質を保つこと自体が無理になることである。そういう意味で、スタイン推定の考え方には一定の限界がある。

その後の展開

　階層ベイズモデリングは MCMC のような強力な計算手法に支えられて、大きく発展することになった。その様子はこの本や［岩波 DS1］［岩波 DS6］、そしてその参考文献などに見る通りである。たとえば、図 2 のような複数の要因でグループ化された構造で分布が正規分布ではない場合も自由に扱うことが可能である。また、あとの講義で触れるように時間や空間の要素を取りこんだモデルをその延長で考えることもできる。

　「少なくとも悪くはならない」証明をあきらめることで適用範囲が広がる代わり、モデリングが不適切だと「何も考えない単純な推定方式」より悪い推定結果になってしまうこともあるが、それはやむを得ない代償である。

　スタイン推定のほうも、多元配置に相当する場合や回帰の場合、2 項分布・ポアソン分布の場合などに対して、地道に拡張されている［統フロ 3］。リッジ回帰（リッジ回帰とは何かについては［岩波 DS5］の冒頭の解説参照）の場合にもある程度の結果は得られるが、結果は損失関数や手法の詳細に依存し、おそらくこのあたりが手法としての到達限界なのかもしれない。状態空間モデルや CAR モデルのような事前分布に相関を含む場合への拡張はあまり知られていないようである。スタインの補題に基づく議論は、訓練データのサンプルサイズが有限の場合に厳密な結果が得られる理論的手法として貴重であり、［岩波 DS5］で扱った L_1 正則化（lasso）の性質の研究にも応用されている[11]。

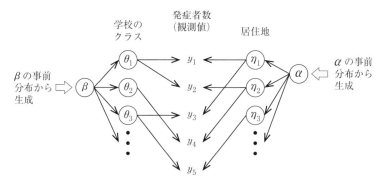

図2 グループ構造と複数の要因を含む階層ベイズモデルの例。「病気の発症者数」を「クラス」と「居住地」の2つの要因で説明する場合を想定した。たとえば y_2 の周辺確率密度は $p(y_2|\theta_1, \eta_2)p(\theta_1|\beta)p(\eta_2|\alpha)p(\beta)p(\alpha)$ を y_2 以外の変数で積分したものになる。構成要素となる確率分布が正規分布である必要はない。

象とアリでも大丈夫か？

スタイン推定量がいかにうまく調節されているにしても，たとえば象とアリの重さを測ったときに，その測定値を混ぜたら，アリの結果に大きな誤差が混入してめちゃくちゃになってしまうのではないだろうか？

この疑問は，スタイン推定量が「絶対誤差」の世界を扱っているのに対し，世の中には「相対誤差」で考えることが自然な例が多いということに関係がありそうである。まず「2乗誤差による評価」では，象の重さの2乗誤差もアリの重さの2乗誤差もそのまま足し合わせるため，アリの重さが何倍も違っても，誤差の評価にはそんなに効かないことになる。「絶対誤差」の世界ではこれでよいが，日常で必要とされる「相対誤差」の感覚とはずれてしまう。

また「測定誤差の母分散 σ^2 が i によらず同じ」という条件も同様である。象とアリの重さを測る場合，普通はそれぞれの重さの相対誤差が同程度になるような体重計を用いると思うが，その場合はアリのほうで測定誤差の分散が小さくなり，そのままでは定理の前提が満たされないだろう。

2 過分散から階層ベイズへ

階層ベイズモデルへの別の道筋として,「過分散」の問題からはじまるランダム効果モデル,混合分布モデルの話がある。過分散については,第 I 部の久保の解説や丹後の解説でも説明されている。

過分散とは

2 項分布やポアソン分布では

> 平均と分散の間に関係があり,母平均を与えると母分散も決まってしまう

という性質がある。たとえばポアソン分布では,母平均が θ なら母分散もそれと等しく θ になるので,サンプルサイズが大きければ,サンプルの平均と分散もほぼ等しくなるはずである。

たとえば,手元のガイガーカウンターで 30 秒間のカウント数を 10 回ずつ測ったのが,次の 2 組のデータである。

A: 24 26 14 22 24 22 28 22 16 14
B: 22 18 23 33 39 33 37 25 20 30

データ A の平均は 21.2,不偏分散は 24.2 で確かにほぼ同じ値になっている。ところが,データ B については,平均は 28.0 なのに不偏分散は 54.4 となり,ポアソン分布の仮定のもとで予想されるより分散が大きな値をとる。

種明かしをすると,A のほうはこれを書いている机の前に座って,連続して測定したのだが,B のほうは家の中のあちこちに移動して測定したのである。後者ではポアソン分布固有のばらつきのほかに,測定場所の違いによるばらつきが加わるので「平均＝分散」とはならなくて当然である。

しかし,こうした事情を知らなければ B のようなデータをポアソン分布でモデリングしようとすることは十分ありえるし,その後で分散が過大なこ

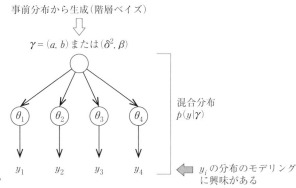

図3 仮定した混合モデル。いちばん上のパラメータがさらにそれらの事前分布から生成されたと仮定すれば階層ベイズモデルの形になる。混合モデルとしての最尤推定は経験ベイズ法に相当する。

とに気づくかもしれない。これが「過分散」と呼ばれる現象の一例である。似たようなことは「病気の発生数で個人差や地域差が効く場合」や「植物の開花数で個体差や土壌の差が問題になる場合」など，隠れた非一様性があれば，さまざまな場面で起こりうる。

混合分布

過分散に対する標準的な考え方は「直接観測されていない非一様性」に対して確率分布を考えて，はじめに仮定した分布を「混合」したものを考えることである。たとえば，非負の整数のデータ $\{y_i\}$ について観測値 y_i がポアソン分布

$$p(y_i|\theta_i) = \frac{\theta_i^{y_i}}{y_i!}\exp(-\theta_i) \tag{10}$$

にしたがうとする。このとき，強度をあらわすパラメータ θ_i に対してパラメータ γ を含んだ分布 $p(\theta_i|\gamma)$ を考えて，y_i が $\gamma \to \theta_i \to y_i$ というプロセスで生成されたとするのである(図3)。ベイズ統計の立場で解釈すれば，$p(\theta_i|\gamma)$ はパラメータ θ_i の「事前分布」ということになる。これは y_i が混合分布

$$p(y_i|\gamma) = \int p(y_i|\theta_i)p(\theta_i|\gamma)d\theta_i \qquad (11)$$

で生成されると仮定するのと等価である。ここでは θ_i が積分されて消えた後の混合分布の分布形は i によらない(一般の場合は注 15 参照)。

共役事前分布の利用

ここで,$p(\theta_i|\gamma)$ の選び方はいろいろ可能だが,典型的な 2 通りの方法を紹介する。まずひとつは,「混合分布の式の形が簡単になるように選ぶ」という考え方で,ベイズの用語では**共役事前分布**と呼ばれる。ポアソン分布に対しては,**ガンマ分布**

$$p(\theta_i|a, b) = \frac{1}{b^a \Gamma(a)} \theta_i^{a-1} \exp(-\theta_i/b), \quad \theta_i \geq 0$$

が使われる[12]。第 I 部の丹後の解説や[岩波 DS4]の高橋の解説にもこれが登場する[13]。この流れでは 2 項分布に対して**ベータ分布**,多項分布に対して**ディリクレ分布**がそれぞれパラメータの事前分布として利用される。

第 I 部の持橋の解説や自然言語処理を扱った[岩波 DS2]では,**潜在ディリクレ配分法**(Latent Dirichlet Allocation, LDA)など,階層ベイズの範疇に属するモデルがいろいろ論じられているが,そこでもディリクレ分布が事前分布として重要な役割を演じる。さらに,自然言語処理の分野ではディリクレ分布の無限次元への拡張である**ディリクレ過程**が事前分布として活用されているのが興味深い。

リンク関数の利用

もうひとつの考え方は,いわゆるリンク関数を用いて,強度 θ_i を

$$\mu_i = \log \theta_i$$

と変換してから,μ_i を

$$\mu_i = \beta + r_i$$

のように，定数 β とそのまわりのばらつき r_i の和で表現し，r_i の分布として，正規分布を仮定することである．

$$p(r_i|\delta^2) = \frac{1}{\sqrt{2\pi\delta^2}} \exp\left(-\frac{r_i^2}{2\delta^2}\right)$$

r_i の値は測定 i ごとに定まる直接観測されない量であるが，これを**ランダム効果**と呼ぶことがある．第Ⅰ部の久保の解説で扱われているのはこちらのタイプの2項分布版である．また，丹後の解説にもポアソン分布版が登場する．

　この方法の利点は，回帰(いまの場合，ポアソン回帰)への拡張が容易なことである．いま，目的変数 y のほかに説明変数 x の値が対 (x_i, y_i) として観測されているとする．このとき，ポアソン回帰では

$$\mu_i = \alpha x_i + \beta$$

として，この μ_i から定まる θ_i と観測値 y_i をポアソン分布(10)に代入して i について掛け合わせたモデルを考え，回帰係数 α，切片 β を最尤推定する．この場合にも「過分散」に相当することが起きうるが，上の代わりに

$$\mu_i = \alpha x_i + \beta + r_i$$

のようにおくことで，自然にランダム効果 r_i を回帰モデルに取り入れることができる．

　共役事前分布を用いた場合もポアソン回帰への拡張は可能で，**負の二項回帰**と呼ばれる．ただ，この方向はモデルが複雑になると，扱いにくくなる傾向がある．これに対して，リンク関数を使う方式は融通性が大きく，リンク関数を変更することで，2項分布の場合(ロジスティック回帰)などにもそのまま適用できる．

　ポアソン回帰などの一般化線形モデル(GLM)にランダム効果を組み入れたモデルは広く一般化線形混合モデル(Generalized Linear Mixed Model,

講義1　131

GLMM）と呼ばれ，多くの分野で使われている．また，後の講義で述べる状態空間モデルや CAR モデルに組み込む場合も，リンク関数を利用する方式が便利である．

以下では，α, β のようなパラメータも，γ と並んで「大域的なパラメータ」(マクロなパラメータ)と考えることにする．

階層ベイズモデルとみなす意味

この節では，前の節とは違って，局所的なパラメータ $\{\theta_i\}$ は最終的には積分されて消えてしまう存在であり，主たる興味はパラメータ γ，回帰バージョンなら，係数 α や切片 β など，大域的なパラメータの推定やそれを介した予測にある[14]．この場合，複雑な分布を表現するための方便として，$\{\theta_i\}$ を導入したとも解釈できる．したがって，必ずしも「階層ベイズモデル」という言い方をしなくても，「混合分布の最尤推定」として話を進めてもよいはずである．

しかし，モデルを発展させていくと「高次元数値積分と最適化の組み合わせ」でモデルをあてはめることがしだいに困難になる[15]．そのため，数値計算の手法としては，$\{\theta_i\}$ に相当するパラメータ(一般にはもっと多種類ある)を残しておいて，マルコフ連鎖モンテカルロ法(MCMC)でサンプルすることが考えられる．この場合には，α, β, γ を点推定するよりも，α, β, γ に事前分布を仮定して $\{\theta_i\}$ と α, β, γ を同時にサンプルする方法が好まれる．こうした点まで考えると，単なる混合分布についての推論というよりも，$p(\theta_i|\gamma)$ を事前分布とした階層ベイズモデルと考えるほうが便利だということになる．

その後の展開

いまの話を発展させて，たとえば，図2のような複雑なグループ構造を取りこむことも可能である．きっかけは過分散の問題であったとしても，ここまで来ると，いわゆる「ランダム効果を含む分散分析」の世界を柔軟にして

正規分布以外にも一般化した世界が大きく広がることになる。

　これらの展開への入門としては[久保緑本]の7章や10章，および[岩波DS1]の久保の解説を参照されたい[16]。

過小分散と過大分散

　この節でいう「過分散」は「過大分散」の意味だが，データによってはポアソン分布や2項分布で期待されるより分散が小さくなる「過小分散」もありうる。その原因としては
  1. 人間や機械の働きで意図的に均一にされている。
  2. 要素の間に反発力が働いている。
などがある。後者の例としては「川岸に並んだカップルの一定区間ごとの人数」を思い浮かべるとよいかもしれない[17]。実は，過分散のほうでも「要素の間に引力が働く」のが原因である場合もあるはずだが，それと非一様性の効果を見分けるのは必ずしも容易ではない。たとえば，魚が1か所に集まっているというだけでは，その場所が好適であるのか，群れを作る習性があるのか，どちらの解釈が正しいのかすぐにはわからない。

講義1のまとめ

　1節（図1）の設定では，個体差や非一様性を表現する局所的なパラメータ$\{\theta_i\}$そのものに興味があった。そこで述べた手法を正当化する根拠としては，スタイン推定と階層ベイズモデル（の経験ベイズ法による近似）があるが，複雑なモデルに拡張するにつれて，前者の解釈は困難となり，後者の「局所的なパラメータが事前分布から生成されたとみなす」という仮定に依拠せざるを得なくなってくる。

　一方，2節（図3）の設定では，γ, α, βのような大域的なパラメータのほうに主眼がある。しかし，この場合も，モデルが発展するにつれ，計算のためのアルゴリズムまで考えると，階層ベイズモデルの一断面をみていると見なしたほうが便利である。

講義1　133

分析的に考えれば，局所的なパラメータと大域的なパラメータのいずれに興味があるかによって，かなり状況が違うはずである。ところが，いったん階層ベイズモデルだと思ってしまうと，途端におおらかに扱うことになる。特に，MCMC で同時事後分布からサンプリングを行う場合には，局所的なパラメータに興味がある場合も，大域的なパラメータに興味がある場合もまったく同じ計算をして，興味のあるパラメータの分布に注目すればよいのである。

この講義ではあえて「違い」にこだわってみたが，多くのユーザーにとっては，細部にこだわらず自由にモデリングを楽しめる場として，階層ベイズモデルという枠組みを利用するのがとりあえず得策かもしれない。あとの講義で述べるように，高度なモデリングを追求していくと，悩む場合も出てくるが，それはまだ先の話である。

注

1) この講義全体では，直前の講義で述べたように，状態空間モデルなどを含むより一般のモデルを「階層ベイズモデル」と呼んでいる。

2) スタイン推定を含む現代的な話題を幅広く扱った書籍 Efron, B. and Hastie, T. (2016) "Computer Age Statistical Inference: Algorithms, Evidence, and Data Science" (Cambridge University Press) がウェブ上で入手できる。

3) 分散 σ^2 が i ごとに違っていても，それらの信頼できる見積もり σ_i^2 が別途得られれば，y_i の代わりに，y_i/σ_i を測定値と考えることで，$\sigma^2=1$ として理論を適用することができる。この場合，y_i が単位のある量の場合でも，割り算の結果 y_i/σ_i は単位のない量（無次元量）になる。

4) $n-3$ という因子はある意味で最良の値（[付録 B]参照）になっているが，いまはこの正確な形をさほど気にする必要はない。

5) スタイン推定量と呼ばれるものには，もっと簡単なものも複雑なものもあるが，ここではいちばん意味が理解しやすいものを選んだ。別の一例は[付録 B]の証明の中にある。

6) 個々の y_i の分散は σ^2 なのに対し，全体の平均 $\frac{1}{n}\sum_{i=1}^{n} y_i$ の分散は σ^2/n である。$0<a<1$ のとき，a が 1 に近いほど $\widehat{\theta}_i^S$ は後者に近づくので，直観的に分散が減りそうなことがわかる（a 自体がデータ $\{y_i\}$ の関数なので厳密な議論ではない。[付録 B]ではその点を含めた議論を行う）。

7) 極端な例として「すべての θ_i が等しい」場合を考えてみる。このとき，s^2 の期待値は最小になり，（正規分布の分散の逆数の不偏推定値の公式から）$1/s^2$ の期待値

は $1/\sigma^2$ に一致する。a の値は期待値 1 のまわりでばらつき，n があまり大きくなければ，かなりの確率で（たとえば）$a=1.2$ より大きい値をとる。しかし「すべての θ_i が等しい」のはスタイン推定量のメリットが最大になる状況でもあり，訓練データについての期待値を考えると利得が損失を上回ることになる。

8) 単に「$\sigma^2/s^2>1$ となったら $a=1$ と置く」とすればよい。このように変更しても前と同様の定理が成立し，この付加規則がない場合に比べて結果はさらに改良される。

9) Efron, B. and Morris, C. (1975) Data analysis using Stein's estimator and its generalizations. *Journal of the American Statistical Association*, 70 (350), pp. 311-319. 2 項分布を仮定して正規分布に近くなるようなデータの変換を行った上で，(3) を使って推定を試みている。

10) スタイン推定量の議論でも，結果の評価式（損失関数）の定義 (2) で期待値をとるが，これは「特定の $\{\theta_i\}$ について，訓練データの組 $\{y_i\}$ を仮想的に多数発生させたときの平均」なので意味が違うことに注意。

11) たとえば，ウェブ上の Ryan Tibshirani による講義ノート "Stein's Unbiased Risk Estimate" (2015) 参照。

12) 実はこの場合は解析的に積分ができて，結果の混合分布は**負の 2 項分布**になる。

13) この段落と次の段落では，興味があるのが大域的なパラメータか局所的なパラメータなのかは問わず，「事前分布」の種類のみに着目して文献を引用している。

14) 実際には階層ベイズモデリング以前の手法，たとえば，GLMM や「ランダム効果を含む分散分析」においても，ランダム効果全体の分散への寄与や個々の効果の予測に興味があるケースもあり，ランダム効果自体にまったく興味がないわけではないが，論点を明確にするためにやや単純化している。

15) 図 2 の場合で具体的に考えてみると，この程度の複雑さでも，かなり計算が大変になることがわかる。

- まず，図 2 の例の右半分（$\{\eta_i\}$ を含む部分）だけを考えた場合には，1 種類だけでなく，いろいろな種類の混合分布が現れる。たとえば，$p(y_1|\eta_1)p(y_3|\eta_1)$ $p(\eta_1|\alpha)$ という形の因子を η_1 について積分したあとで生じる確率密度関数に対応する分布では，もはや y_1 と y_3 は独立ではない。
- 次に図 2 の全体を考えた場合には，$\{\eta_i\}$ での積分と $\{\theta_i\}$ での積分によって各因子が絡み合うため，一気に計算が大変になる。たとえば，図 2 で見えている部分（「・・・」と外に向かう矢印を除いた部分）だけを考えると，因子

$$p(y_1|\eta_1, \theta_1)p(y_2|\eta_2, \theta_1)p(y_3|\eta_1, \theta_3)p(y_4|\eta_2, \theta_2)p(y_5|\eta_3, \theta_0)$$

に事前分布を乗じて η_1, η_2, η_3, θ_1, θ_2, θ_3 で 6 重積分することになる。

16) 分散分析，あるいは Variance Component Model の側からの歴史的展望については，Searle, S. R., Casella, G., and McCulloch, C. E. (1992) "Variance Components" (Wiley) に詳しい。この本の発行は MCMC が普及する直前と思われるが，階層ベイズモデルについても 1 章が割かれている。

17) 特に京都のある川が有名である。

講義 1　135

講義 2
相関を表現する事前分布

ここでは，状態空間モデルや CAR モデルなど，時間や空間を含む広義の階層ベイズモデルを考えよう。非適切逆問題との関連についてもここで触れる。

1 状態空間モデル

状態空間モデルは，時系列解析の手法を統計モデリングの視点から統一的に見直すカギとなるものであり，ほかの分野と時系列解析のつながりを考える上でも重要である。状態空間モデルについては，第 I 部の樋口の解説で取り上げられているが，さらに詳しくは［岩波 DS6］（および［岩波 DS1］の一部）や他のテキスト[1]を参考にされたい。

状態空間モデルとは

状態空間モデルでは，時系列データ $\{y_t\}$, $t=1, ..., n$ の背後に，直接観測されない状態の列 $\{x_t\}$, $t=1, ..., n$ を仮定する。これが，スタイン推定の場合の $\{\theta_i\}$, $i=1, ..., n$ に相当するわけである。

そして，x_t の時間発展を記述する式（**システム方程式**）

$$x_{t+1} = F(x_t) + \eta_t$$

と，そこからのデータ y_t の発生（観測プロセス）を表現する式（**観測方程式**）

$$y_t = H(x_t) + \epsilon_t$$

136

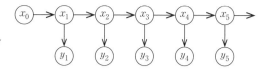

図1 状態空間モデル／隠れマルコフモデル

を用いてモデルが定義される(図1)。ここで，H, F は任意の関数，**システム雑音** η_t と**観測雑音** ϵ_t は各時点で独立の確率変数とする。

もし，η_t, ϵ_t の分布として，それぞれ，平均ゼロ，分散が δ^2, σ^2 の正規分布を仮定すれば，上の2つの式が定義する条件つき確率分布は

$$p(x_{t+1}|x_t) = \frac{1}{\sqrt{2\pi\delta^2}} \exp\left(-\frac{(x_{t+1}-F(x_t))^2}{2\delta^2}\right), \quad t=0, \ldots, n-1$$

$$p(y_t|x_t) = \frac{1}{\sqrt{2\pi\sigma^2}} \exp\left(-\frac{(y_t-H(x_t))^2}{2\sigma^2}\right), \quad t=1, \ldots, n$$

となる。ただし，初期値 x_0 の分布 $p(x_0)$ は別に与える。

最も簡単な例は，x_t がスカラー(1成分)で $F(x_t)=x_t$ の場合で，このときシステム方程式は

$$x_{t+1} = x_t + \eta_t$$

となり，ランダムウォークの式になる。このモデルは「隣接する時刻 t と $t+1$ での x の値に差が少ない」ということを表現しており，**ローカルレベルモデル**と呼ばれる。

一般化とパラメータ推定

これらはもっと一般化できる。雑音の分布としてコーシー分布などを採用してもよいし，観測方程式の部分をポアソン分布や2項分布で置き換えることもできる。後者の場合は，適当な関数 $g(x)$ を介して $y_t \sim p(y_t|g(x_t))$ とする。これは一般化線形モデル(GLM)の時系列モデル版ともいえる($g(x)$ はリンク関数の逆関数に相当)。

x_{t+1} は直前の時刻の状態 x_t のみに直接依存する形になっているが, $\tilde{x}_t$ $={}^t(x_t, x_{t-1})$ のように, 複数の時刻の状態の組を新しい状態と定義することで「x_{t+1} の条件つき確率が x_t と x_{t-1} に依存する」といったモデルを同じ枠内で考えることが可能である(**遅延座標**, **時間遅れ座標**)。たとえば「x がなめらかに変化する」ことを表現するには 2 階の差分方程式

$$x_{t+1} = 2x_t - x_{t-1} + \eta_t$$

がよく使われる[岩波 DS1][2]。この場合, $\tilde{x}_t={}^t(x_t, x_{t-1})$ と定義することで,

$$\tilde{x}_{t+1} = A\tilde{x}_t + \tilde{\eta}_t, \quad A = \begin{pmatrix} 2 & -1 \\ 1 & 0 \end{pmatrix}, \quad \tilde{\eta}_t = \begin{pmatrix} \eta_t \\ 0 \end{pmatrix}$$

と 1 階の差分方程式の形に書ける。このモデルを**ローカルトレンドモデル**と呼ぶ。同じような考え方で, 任意の次数の **AR モデル**や **ARMA モデル**を状態空間モデルの枠内に取り込むことができる。

実際には, σ^2 や δ^2 のような雑音の大きさを決めるパラメータや H, F に含まれるパラメータなどもデータから推定したい。これらをまとめて α, β とすると, $p(y_t|x_t; \alpha)$, $p(x_{t+1}|x_t; \beta)$ のように条件つき確率分布にパラメータが含まれていることになる。このとき定番なのは,

$$L(\alpha, \beta) = \int \left[p(x_0) \prod_{t=1}^{n} p(y_t|x_t; \alpha)p(x_t|x_{t-1}; \beta) \right] dx \quad (1)$$

を最大化する α, β を選ぶ方法で, 状態空間モデルの世界では「最尤法」と呼ばれている。ここで, 積分は $x_0, x_1, ..., x_n$ に関する多重積分である。

以上で説明したシンプルな枠組みがいかに使いやすいかは[岩波 DS6]をはじめとする多くのテキストで解説されている通りである。

ベイズ的な解釈

状態空間モデルの階層ベイズ的な解釈は, ほとんど自明であって, 状態 $x=\{x_t\}$ を局所的なパラメータと考えれば, x からのデータ生成をあらわす部分(尤度関数に相当)が

$$p(y|x) = \prod_{t=1}^{n} p(y_t|x_t)$$

で，x の事前分布に相当する部分が

$$p(x) = p(x_0) \prod_{t=1}^{n} p(x_t|x_{t-1})$$

となるようなベイズモデルを考えればよい。また，式(1)で定義される $L(\alpha, \beta)$ の最大化は，大域的なパラメータ α, β の経験ベイズ推定にほかならない。

このように考えると，状態空間モデルについては，階層ベイズモデリングの立場で考えるのが自然に思える。伝統的には，推定手法のひとつであるカルマンフィルタだけを取り出して「線形最小分散推定量の計算」という文脈で解説することが行われているが，他との繋がりや話の拡がりに欠ける点がある。われわれの立場では，カルマンフィルタは線形モデル（システム方程式と観測方程式がどちらも線形で，雑音がすべて独立で正規分布にしたがうモデル）に対して正確な結果を与えるようなベイズ推定の実装として理解される。

[岩波 DS6]と[岩波 DS1]では，MCMC，カルマンフィルタ，カルマンフィルタをベースとした近似的手法，粒子フィルタなど，異なる計算手法がほぼ同一の推定結果を与える例がいろいろ紹介されている。

1 次元での平滑化，関数や曲線の推定

状態空間モデルは時系列のモデルであるが，同様のモデルは直線上に観測点が配置されているような空間データの解析にも使える。特にローカルトレンドモデルの事前分布は

$$p(x_{t+1}|x_t, x_{t-1}) = \frac{1}{\sqrt{2\pi\delta^2}} \exp\left(-\frac{(x_{t+1}-2x_t+x_{t-1})^2}{2\delta^2}\right)$$

の積になり，第 I 部の伊庭の解説で考えたモデルが再現される。

空間の場合は，時系列と違って「はじまり（左端）」と「おわり（右端）」が

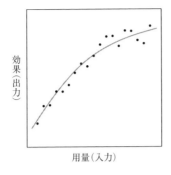

図2　関数や曲線の推定（模式図）。

対称なので「初期分布 $p(x_0)$ を与える」という考え方はやや不自然であるが，初期分布が十分に拡がっていれば他の方法[3]と大きな違いはないと思われる。

ローカルレベルモデルとして計算したものと，空間データのモデル（1次元の CAR モデル）のパッケージで計算したものがほぼ同じ結果を与える例が［岩波 DS1］の伊東の解説にある。

横軸 t が時間でも空間でもなく，ある関数の入力の値で，対応する縦軸の値 y_t がそのときの出力の値（雑音を含む）というケースもある。この場合，ローカルトレンドモデルなどを，関数や曲線の推定のための柔軟な非線形回帰の手法として使うことができる（図2）[4]。

2　空間への拡張

相関を表現する事前分布という考え方は空間構造を表現するモデルにも拡張できるが，2次元以上では様子の違う点がいろいろ出てくる。ここでは特に CAR モデルとその周辺について述べる。

ここで述べた内容の多くについては［岩波 DS1］の「時間・空間を含むベイズモデルのいろいろな表現形式」でもう少し詳しく述べた。CAR モデルとその応用については［岩波 DS1］の伊東の解説（および松浦の解説の一部），

［岩波 DS4］の加藤らの解説で取り上げられている。

CAR モデル

状態空間モデルでは，$p(x_{t+1}|x_t)$ という条件つき確率から事前分布を組み立てた。すでに述べたように，空間 1 次元の場合には，ほぼ同様の手法が使えるが，2 次元以上ではうまくいかない。

そこで考えられたのが，各点 i に対して，近傍 $N(i)$ の x の値を固定したときの条件つき確率 $p(x_i|\{x_j\}_{j \in N(i)})$ を定めることでモデルを表現する方法である。以下で紹介する CAR モデルも，もともとはこの方式で定義された。しかし，この方法も，条件をみたすようなモデルの存在が保証されないなどの欠点がある（上の確率密度をすべての i について掛け合わせても同時密度にはならない点に注意）。

より明示的でかつ柔軟性があるのは「ミクロな条件つき確率密度の積による表現」という発想をやめて，事前確率密度の対数をミクロな項の和として与える方式である。一般にこのような仕方で定義された分布のことを**マルコフ確率場**（Markov Random Field, MRF）と呼ぶ。特に，定義された分布が多変量正規分布になる場合は**ガウス型マルコフ確率場**（GMRF）という。

たとえば，正方格子上で定義された CAR モデルの最も簡単な例は，i に隣接する東西南北の 4 点を $N(i)$ として

$$p(x|\gamma) = \frac{\exp(-U(x;\gamma))}{Z(\gamma)}$$
$$U(x;\gamma) = \frac{\gamma}{2} \sum_i \sum_{j \in N(i)} (x_i - x_j)^2 \tag{2}$$

であらわされるガウス型マルコフ確率場として定義できる。ここで $\sum_i$ はすべての格子点についての和，$Z(\gamma)$ は多重積分

$$Z(\gamma) = \int \exp(-U(x;\gamma)) dx$$

で定義される正規化定数である。

この事前分布は「格子上で隣接する点の x_i は近い値をとりがちだ」とい

うことを表現しており、ローカルレベルモデルの2次元空間への拡張になっている。各点の状態 x_i から観測値 y_i が生成される確率分布を $p(y_i|x_i; \alpha)$ とし、α, γ の事前分布をそれぞれ $p(\alpha)$, $p(\gamma)$ とすれば、x, γ, α の同時事後分布は

$$p(x, \gamma, \alpha|y) = Cp(\alpha)p(\gamma) \times \prod_i p(y_i|x_i; \alpha) \times \frac{\exp(-U(x; \gamma))}{Z(\gamma)} \quad (3)$$

となる。ここで、$\prod_i$ はすべての観測点 i についての積、C は正規化定数である。

ここで問題なのは、事前分布の正規化定数 $Z(\gamma)$ である。MCMC で同時事後分布(3)をサンプルする場合には、事後分布の正規化定数 C は無視してよいが、$Z(\gamma)$ の値は γ の値を更新するごとに必要になる。幸いなことに、上のモデルでは、$Z(\gamma)$ から γ に依存する因子が分離できるので、問題は解決する[岩波 DS1]。より一般のモデルではこの部分の扱いに注意が必要である[5]。

ガウス過程とカーネル回帰

「ガウス過程(GP)を事前分布として使う」というと目新しく思われるかもしれないが、ローカルレベルモデルやローカルトレンドモデルのような線形ガウス型の状態空間モデルやガウス型マルコフ確率場を用いた CAR モデルも、離散時間・離散空間版のガウス過程を事前分布に用いている。その中で「ガウス過程回帰」という場合、いわゆるカーネル回帰の手法が多く用いられるのが特徴である。このアプローチでは、計算量がサンプルサイズで決まり、次元によらないので、高次元では特に有利になる[6]。

一般のマルコフ確率場モデル

状態空間モデルでは、雑音の分布をコーシー分布に置き換えるなどの方法で、興味深い結果が得られる[岩波 DS1]。そこで、空間モデルの場合でも、ガウス型の範囲を超えたモデルを導入することで、たとえば輪郭や境界の自

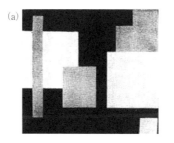
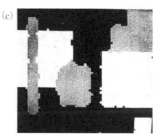
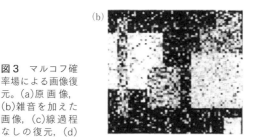
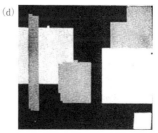

図3 マルコフ確率場による画像復元。(a)原画像，(b)雑音を加えた画像，(c)線過程なしの復元，(d)線過程ありの復元。

©1984 IEEE. Reprinted with permission

動抽出など，より高度な推論が可能になるのではないか，と考えるのは自然である。この種の手法は，画像処理だけでなく，空間データ解析一般で有用だと思われる。

これを実現したのが，Geman たちの 1984 年の論文である[7]。この論文では，離散変数のマルコフ確率場(統計物理でいうポッツモデル)およびそれに線過程と呼ばれる補助的な離散変数を導入したモデルを事前分布として用いている[8]。MCMC によって事後分布を最大化して MAP 推定値を求めることで[9]，従来法では困難だった「まっすぐな境界」などの検出を含む画像処理が実現された(図3)。

問題点

Geman らの研究は当時として画期的なものであった。しかし，この結果

を階層ベイズモデリングの文脈で理解することが妥当かについては疑問が残る。問題は，そこで設定されている「事前分布」が画像の生成モデルとして機能するかという点である。

たとえば，CAR モデルの事前分布(2)の場合，データなしにこの分布から$\{x_i\}$のサンプルを生成しても，とりあえずそれらしく相関したパターンが出そうである。状態空間モデルでシステム方程式のみからサンプルを生成したときも多くは同様になる。これに対し，Geman たちが用いたような非ガウス・離散のマルコフ確率場では，データなしにサンプルを生成した場合に対象となる自然画像に近いものが出てくるかどうかに疑問がある(コラム参照)。

ここで「MAP 推定量の性能が高ければよいのであって，事前分布単独での画像生成能力を問うのは意味がない」と考える人も多いと思う。実際，大域的なパラメータは人間が手で与えるのであれば，そのとおりである。しかし，事前分布に含まれる大域的なパラメータの最適な値を経験ベイズ法などでデータから決めようとすると話が違ってくる。「階層ベイズモデルの大域的なパラメータをデータから推定すると，局所的なパラメータの推定量が改良される」ということが成りたつためには，事前分布が生成モデルとして意味を持つ必要があるからである。

このあたりの状況を直観的に理解するには，大域的なパラメータの経験ベイズ推定の式を具体的に書いてみるのがわかりやすい。事前分布がイジング模型の場合の話は『ベイズ統計と統計物理』(岩波書店)に書いたが，重要な話であり，そこで出てくる式は他にも役立つので，少し一般化した設定で[付録 C]に書いておいた。

マルコフ確率場の相転移

ポッツモデルの場合はいわゆる「相転移」(状態数が多いときは1次相転移)が起き，あるパラメータの値で「ランダムに近いパターン」(無秩序状態)から，「画像全体がどれかひとつの値でほぼ埋め尽くされたパターン」(秩序状態)に典型的状態が移行してしまう[10]。自然画

像のような大きな領域に塗り分けられたパターンは分布からの正しい
サンプリングでは出ないが，相転移の近傍では MCMC の収束が極め
て遅くなるため，見かけ上現れることがある。Geman らの 1984 年
の論文には「事前分布から生成したパターン」がアルゴリズムのテス
トのための人工データとして使われているが，これは MCMC の収束
が悪いために生成されたものである。線過程を含むモデルの事前分布
はもっと複雑だが，多数の線過程が「オン」(境界あり)の状態になる
と分布のエントロピーが急激に増大することを考えると，自然画像類
似のパターンの生成は難しいように思われる。

3 非適切逆問題

　階層ベイズモデルで定式化できる問題の例として，さまざまな非適切逆問
題がある。非適切逆問題の範囲は広いが，重要な問題には時間や空間に関連
したものが多いので，ここで触れることにした。

　非適切逆問題については，第 I 部の田邉の解説でも触れているが，同じ著
者による[統フロ 4]の補論も興味深い。神経科学と非適切逆問題の関係につ
いては[統フロ 4]に乾による解説がある。

逆問題の例いろいろ

　逆問題の例は多数あるが，いくつか代表的なものをあげてみよう。

- コンピュータ断層撮影(CT)
- 地震波を使って地球の内部を探る
- 影から月の山の高さをはかる
- 両眼の視差から距離を求める

コンピュータ断層撮影(CT, computer tomography)は，病院の検査とし
ておなじみであるが，成功した逆問題の典型としてもよく知られている[11]。
この課題では，人間の体を X 線などでいろいろな方向から撮影した結果か

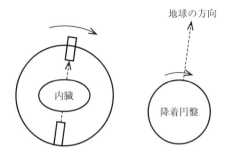

図4 人間のCTスキャンと星のCTスキャン。

ら，体内の様子を再構成する．[岩波DS6]の植村の解説では，同様の考え方で遠方の星のまわりの降着円盤の形を再構成する話が紹介されている．この場合は，撮影する装置でなく，星のほうが回転するのである(図4)．

　地震波を使って地球の内部を探るのも，逆問題の一種である．地震波トモグラフィと呼ばれることもある．

　光源の位置と影から物体の形態を復元する問題はshape from shadingと呼ばれる．「山の影が山や谷の上に投影される」ことが問題を難しくしている．もちろん「月」に限定されないが，歴史的には，この方法で月の地形を調べた時代があったらしい．

　両眼立体視は，一見すると単なる三角測量に思えるが「両眼の画像のどの点が対応するか判定しなくてはならない」ということに気づくと，それほど簡単ではないことがわかる．立体視だけでなく，物体の表面の再構成や物体の運動の認識など，いわゆる初期視覚を逆問題とみなす考え方は1980年代に流行したが，「錯覚」の解釈など，いま学んでも興味深い内容を含むと思う[12]．

非適切逆問題と正則化

　逆問題の多くでは，観測値だけからは解が一意に定まらなかったり，微小な雑音の影響で解が大きく変動したりする．このような問題を**非適切**(ill-posed)という。もともとは偏微分方程式の初期値問題について使われた言葉である。

こうした場合には，推定する対象についての事前知識を何らかの形で組み込むことが必要になる。すなわち対象のモデリングである。「正則化」によって解を安定させることは昔から行われてきたが，これを単なる数学的な操作と考えずに，対象の満たすべき条件をソフトな形で導入すると考えるのが，データサイエンス的な観点である。

具体的には，y をデータ，x を推定したい対象としたとき，対数尤度 $\log p(y|x)$ に**罰則項**（罰金項，正則化項）$f(x)$ を加えた

$$l(x) = \log p(y|x) - \lambda f(x) \tag{4}$$

を最大化する，というのが，データサイエンスと馴染みのよい形での非適切逆問題の解法となる。これを**罰則つき最尤推定**と呼ぶ。λ は罰則の強さ（正則化の強さ）をあらわす定数であり，これが大きいときは罰則項によるバイアスが大きくなり，小さいときは x のばらつきが増えて不安定になる。多くの事例では2次式の罰則項が使われるが，それらは正則化理論でTikhonov の正則化と呼ばれるものに対応している[13]。

非適切逆問題と階層ベイズ

これをさらにベイズで解釈するには，x の事前分布を

$$p(x|\lambda) = \frac{\exp(-\lambda f(x))}{Z(\lambda)} \tag{5}$$

で定めればよい。罰則項 $f(x)$ が x の成分の2次式の場合には，x の事前分布はガウス型になる。x の事後分布は

$$p(x|y) = C p(y|x) p(x|\lambda) = C' \exp(\log p(y|x) - \lambda f(x))$$

となり，x の MAP 推定量を定める式は罰則つき最尤推定の式(4)と一致する。

一例として［岩波 DS6］の植村の解説では，「対象（降着円盤）の滑らかさ」
を表現するガウス型の事前分布を導入しているが，これは 1 階差分の CAR
モデル(2)を 2 階差分に拡張したものに対応する。

　罰則つき推定を階層ベイズモデルで解釈する利点は，経験ベイズ推定（も
しくはフルベイズ推定）によって，罰則の強さをあらわす大域的なパラメー
タ λ を推定できることである。もしこれができれば，罰則つき最尤推定で
いちばん気になる問題が解決することになる。

　しかし，すでに状態空間モデルの項で述べたように，$f(x)$ の選び方によ
っては，式(5)で定義される事前分布が x の生成モデルとしての意味を失う
こともありうる。そのような場合には，階層ベイズモデルでなく，罰則つき
最尤法(4)のレベルに留まるのが妥当だろう。その場合，λ は他の方法，た
とえば交差検証法などで決めなければならない。この点についてのさらに詳
しい議論は［付録 C］を参照されたい。

注

1) たとえば，野村俊一『カルマンフィルタ——R を使った時系列予測と状態空間モ
デル』（共立出版，2016），北川源四郎『時系列解析入門』（岩波書店，2005），樋口知
之『予測にいかす統計モデリングの基本——ベイズ統計入門から応用まで』（講談社，
2011）。［PRML］では，最後のほうの 13 章で簡単に説明されているが，隠れマル
コフモデルなど他のモデルとの関係を知るには有用である。

2) この式は $(x_{t+1}-x_t)=(x_t-x_{t-1})+\eta_t$ と書いたほうが意味がわかりやすいだろう。

3) たとえば，$\{x_i\}$ の平均値や平均傾きに無情報事前分布を設定する方法がある。

4) 後述する 2 次元の CAR モデルを 2 変数の関数や応答曲面の推定に用いることも
できる。より高次元の関数推定では，後のコラムで述べるカーネル回帰が使われる。

5) 多変量正規分布の正規化定数は一般には縦横が格子点の数の行列式となるので，
MCMC の 1 ステップごとに計算するのは大変である。ガウス型でないマルコフ確
率場では，正規化定数の計算はさらに大変であるが，次項でみるように，もっと本
質的な問題点がある。

6) たとえば，Rasmussen, C. E. and Williams, C. K. I. (2006) "Gaussian Pro-
cesses for Machine Learning" (MIT Press).

7) Geman, S. and Geman, D. (1984) Stochastic relaxation, Gibbs distribu-
tions, and the Bayesian restoration of images. *IEEE Transactions on pat-
tern analysis and machine intelligence*, 6, pp. 721-741.

8) 線過程を含むような複合的な画像モデルを「階層的」と呼ぶことがあるが，この

講義でいう「階層ベイズ」の階層とは意味が違うことに注意。ここでの用語に従えば「局所的なパラメータがさらに複数の階層に分かれている」ということに相当する。

9) MCMC は事後分布からのサンプリングでなく，simulated annealing 法として最適化に使われている。

10) 厳密にいうと「相転移」は画像のサイズ無限大での性質だが，それを反映した振る舞いは有限サイズの系でも見られる。

11) 前出の Geman and Geman(1984)の手法をトモグラフィの一種である SPECT に応用した初期の研究例は，たとえば，Geman, S., Manbeck, K. M., and Mc-Clure, D. E. (1993) A comprehensive statistical model for single photon emission tomography. R. Chellappa and A. Jain (eds), Markov Random Fields, Theory and Application, pp. 93-130, Academic Press.

12) Poggio, T., Torre, V. and Koch, C. (1985) Computational vision and regularization theory. *Nature*, 317, pp. 314-319.

13) 2次式あるいはもっと複雑な罰則項の実例としては，前出の植村[岩波 DS6]，Poggio ほか(1985)，Geman ほか(1993)の論文を参照。これらの一部では，罰則項が事前分布に関連付けられているが，罰則項が2次式でない場合に生じる可能性のある問題についてはこの講義の2節「空間への拡張」で述べた通りである。

講義 3
外れ値・クラスター分け・欠測

　階層ベイズモデリングの興味深い点は，外れ値，確率モデルに基づくクラスター分け，欠測など，入門書レベルを超えたトピックを組織的に吸収できることである。ユーザーはこれらを別々に勉強しなくても，かなりの部分を「自分で考えだす」ことができるようになる。

1　離散値をとるパラメータの利用

　離散値をとるパラメータ(潜在変数，ラベル)を導入することで，外れ値やクラスターへの分類のような問題を階層ベイズモデルの枠組みで扱うことができる。ベイズの枠組みでは離散と連続の間の垣根が低いので，こうしたモデリングが比較的自由に可能になる。

外れ値のモデル

　ベイズモデリングの立場で「外れ値」の簡単なモデルを考えてみよう(図1左)。まず $x_i \in \{0, 1\}$ が観測 i の結果が「外れ値」であるかどうかを決める「ラベル」あるいは「離散パラメータ」であるとしよう。これを用いてデータ $\{y_i\}$, $i=1, ..., n$ の条件つき確率(尤度関数)を

$$p(\{y_i\}|\gamma, \{x_i\}) = \prod_{i=1}^{n} \left[p(y_i|\gamma)(1-x_i) + p_1(y_i)x_i \right]$$

のように書こう。$x_i=0$ であれば「外れ値でないときのモデル」$p(y|\gamma)$ から y_i が発生したことになり，$x_i=1$ であれば「外れ値のときのモデル」$p_1(y)$ (たとえば幅の大きな一様分布)から発生したとするわけである。

図1 (左)外れ値の検出。(右)クラスター分け(K=3)。解析がうまくいった場合，この図の白と黒，白と黒と灰色のように分かれることが期待される。これに加えて，ここで論じるモデルでは事後確率によって外れ値やクラスターの不確実性が表現される。

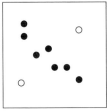
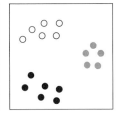

さらに，$m = \sum_{i=1}^{n} x_i$ として，$\{x_i\}$ の事前分布を
$$p(\{x_i\}|Q) = \prod_{i=1}^{n} Q^{x_i}(1-Q)^{1-x_i} = Q^m(1-Q)^{n-m}$$
とおく。Q はある観測が「外れ値」である事前確率で，たとえば $Q=0.05$ のように小さい値を与える。最後に，γ の事前分布を $p(\gamma)$ とすれば，事後分布は
$$p(\gamma, \{x_i\}|\{y_i\}) = C\, p(\{y_i\}|\gamma, \{x_i\})\, p(\{x_i\}|Q)\, p(\gamma)$$
となる(C は正規化定数)。この事後分布を MCMC でサンプルすることで「i 番目が外れ値である事後確率」と「外れ値の影響を考慮した γ の推定値」が同時に求まる。MCMC の代わりに EM アルゴリズムという方法を使うこともできるが，これは経験ベイズ法に対応する。

この講義の用語でいえば，γ が大域的なパラメータ，離散値をとるパラメータ $\{x_i\}$ が局所的なパラメータに相当する。

有限混合分布モデル

外れ値の問題では「外れ値か否か」を表現するために 2 つの値をとるパラメータ x_i を用いたが，同様の方法は観測値を 2 個のクラスターに分けるモデリング一般に使える。観測 i が一方のクラスターに属せば $x_i=0$，他方のクラスターに属せば $x_i=1$ として，その値によって，観測値 y_i が分布 $p(y_i|\gamma_0)$ と $p(y_i|\gamma_1)$ のいずれから得られたかが決まると考えればよいので

ある。

　より一般に K 個のクラスターに分ける場合(図1右)について具体的に式を書いてみよう。まず，$x_i \in \{1, 2, ..., K\}$ として，指示関数を

$$I_k(x_i) = \begin{cases} 1 & (x_i = k) \\ 0 & (x_i \neq k) \end{cases}$$

と定義すると，$\{y_i\}$ の確率密度は

$$p(\{y_i\}|\{x_i\}, \{\gamma_k\}) = \prod_{i=1}^{n}\left[\sum_{k=1}^{K} p(y_i|\gamma_k)I_k(x_i) \right]$$

となる。ここで $p(y_i|\gamma_k)$ は各クラスターに対応する分布である。

　外れ値の場合と同様に，$\{x_i\}$ の事前分布を

$$p(\{x_i\}|\{Q_k\}) = \prod_{i=1}^{n}\prod_{k=1}^{K} Q_k^{I_k(x_i)} \tag{1}$$

とし，$\{\gamma_k\}$，$\{Q_k\}$ の事前分布 $p(\{\gamma_k\})$ と $p(\{Q_k\})$ を適当に与えれば，事後分布は

$$p(\{x_i\}, \{\gamma_k\}, \{Q_k\}|\{y_i\})$$
$$= C \prod_{i=1}^{n}\left[\sum_{k=1}^{K} Q_k p(y_i|\gamma_k)I_k(x_i) \right] p(\{\gamma_k\})p(\{Q_k\}) \tag{2}$$

となる。一般のクラスター分けの場合は，それぞれのクラスターの大きさの比率は不明なので，各クラスターへの事前所属確率をあらわす $\{Q_k\}$ もデータから推定する必要がある。

　(2)では，i ごとに別々に x_i について先に和をとることができる(実は外れ値の場合も可能だった)。この和を実行すると

$$p(\{\gamma_k\}, \{Q_k\}|\{y_i\})$$
$$= C \prod_{i=1}^{n}\left[\sum_{k=1}^{K} Q_k p(y_i|\gamma_k) \right] p(\{\gamma_k\})p(\{Q_k\}) \tag{3}$$

となる。このモデルを**有限混合分布モデル**と呼ぶ(フルベイズで扱わない場合は，$p(\{\gamma_k\})$，$p(\{Q_k\})$ はモデルに含めない)。

　有限混合分布モデルの場合も，局所的なパラメータ $\{x_i\}$ で表現されるク

ラスター分け自体に興味がある場合と，$\{x_i\}$ について和をとった分布(3)（一般には複数の峰を持つ）によるデータの表現に関心がある場合がある。ここでは言葉を乱用して，両方を有限混合分布モデルと呼んでいるが，本来の意味の「有限混合分布モデル」は後者のほうである。ただし，後者の場合でも数値計算のためには，$\{x_i\}$ を残した式をベースに考えたほうが便利なこともある。

　有限混合分布モデルの基礎は，たとえば[PRML]の下巻9章で解説されている。EMアルゴリズムや変分ベイズ法など，実際にモデルを推定するための計算手法については，[PRML]9章，10章および[統フロ11]の樺島・上田の解説の後半を参照されたい。

グループ分けのあるモデル，グループ分けをするモデル

　講義1で論じた階層モデルでもグループ構造（講義1の図2）が出てくるが，有限混合分布モデルとは設定が違うことに注意したい。講義1のモデルでは，グループ構造自体は外部から与えられており，その上でモデルの大域的なパラメータやランダム効果に対応する局所的なパラメータ（実数の値をとる）をデータから推定する。これに対して，有限混合分布モデルの場合には，クラスター分けそのものをデータから推定するという設定で，局所的なパラメータ（離散値をとる）はクラスターへの分類の仕方をあらわしている。

隠れマルコフモデル

　いま，データ $\{y_t\}$ が時系列であるとして，背後にある潜在変数 $\{x_t\}$ も時系列だと考えよう。状態空間モデルの事前分布では，各時点の状態 x_t が独立でなく $p(x_{t+1}|x_t)$ という条件つき確率分布で指定されていると考えた。状態空間モデルの場合，状態 x_t は連続値をとる確率変数だったが，x_t が離散値をとる場合も同様に考えることができる（この講義では連続値の場合を状態空間モデルと呼んでいるが，以下でいう隠れマルコフモデルも含めて状態空間モデルと呼ぶこともある）。すなわち，$\{x_t\}$ の事前分布として

講義3　153

$$p(x) = p(x_0) \prod_{t=1}^{n} p(x_t|x_{t-1})$$

とするわけである。x_t が離散変数なので，$p(x_{t+1}|x_t)$ は確率密度でなく確率をあらわす関数になる。これは，有限混合分布でラベル x_i の添え字 i が時刻 t と解釈できる場合に，ラベルの事前分布(1)に時間相関を導入したと考えることもできる。

連続値の状態空間モデルの観測プロセスに相当する部分は，有限混合分布の場合と同様に「離散値をとる変数 x_t によって，観測値 y_t が生成される源となる確率分布が切り替わる」と考えればよい。ここで，観測値は連続値でも離散値でもよい。これは

$$p(y|x) = \prod_{t=1}^{n} p(y_t|x_t)$$

と書けるので，モデルの形は状態空間モデルと見かけ上まったく同じになる。また，モデルを定義するパラメータについても，状態空間モデルと同様に経験ベイズ法やフルベイズ法で推定することができる[1]。

直接観測されない状態が従う事前分布が，遷移確率 $p(x_{t+1}|x_t)$ で決まる**マルコフ連鎖**なので，このモデルを**隠れマルコフモデル**(Hidden Markov Model, HMM)と呼ぶ。[岩波 DS6]の短いコラムでは，もう少し具体的に連続値の状態空間モデルと離散変数のモデルの対応を説明した。[PRML]では隠れマルコフモデルは 13 章で扱われている。

隠れマルコフモデルの応用で有名なのは音声認識であるが，それ以外にもいろいろな分野で使うことができる。たとえば，病気の進行や治療の効果をあらわすのにも利用できる。この分野では，状態 x_t そのものが直接観測できるマルコフ連鎖を用いたモデル(**マルコフモデル**(Markov Model))が予後や介入効果の判定のために用いられている。そこで「ステージ 1」「ステージ 2」のような検査結果や症状からは確率的にしか決まらないような「隠れた状態」をモデルに取り入れれば，隠れマルコフモデルになる。これはまだ一般的でないかもしれないが，今後の方向として期待できる。

別の応用としては，経済時系列で「景気拡張期」「景気後退期」のような「レジーム」を隠れた状態と考えるモデリングがある。これらは**マルコフ・スイッチングモデル（マルコフ切り替えモデル，マルコフ転換モデル）**と呼ばれている。正確にいうと，これらのモデルには「データの従う AR モデルの一部が隠れた状態によって切り替わる」といった要素も含まれていて，上で定義した観測プロセスより一般の形になっている。

「時系列」でなくても「系列事象」であれば，同様のモデリングが可能である。たとえば自然言語処理や DNA の塩基配列のモデリング（配列のアラインメントなど）にも隠れマルコフモデルが使われる。第 I 部の持橋の解説にあるように，マルコフモデルに対応するものを自然言語処理では **n グラムモデル**と呼ぶ。隠れマルコフモデルのゲノム解析への応用については[統フロ 9]に浅井の解説がある。

この先の発展と問題点

この節で述べたような離散値をとるパラメータの使い方はもっと一般化できる。たとえば，状態空間モデルや CAR モデルについても，モデルの一部を離散値をとるパラメータで切り替えてやることで，外れ値を考えたり，クラスター分けを導入できる。また，隠れマルコフモデルと状態空間モデルのハイブリッドとして，状態 x_t として離散値をとる変数と連続変数の両者を含むような拡張が可能である。こうしたモデリングにはさまざまな応用がありそうである。

しかし，現実にはいろいろな問題がある。まず第一に，こうしたモデリングは多数の極大値を持つ事後分布（多峰性分布）をもたらすことが多く，マルコフ連鎖モンテカルロ法（MCMC）の計算に困難を生じる可能性がある。レプリカ交換モンテカルロ法[統フロ 12]など，多峰性分布に強い MCMC のアルゴリズムも開発されているが，現時点では JAGS などの MCMC ツールに組み込まれていないので手軽に使用できない。また，Stan のようにそもそも離散変数のサンプリングを直接サポートしないソフトもある[2]。

講義 3　155

計算上の困難以外に，理論的な問題もある。有限混合分布モデルや隠れマルコフモデルがいわゆる特異モデルであることはよく知られている。ラベル・スイッチング(コラム参照)や事前分布の与え方なども問題である。

> ### ラベル・スイッチング
>
> 　有限混合分布で「クラスターのラベル」と「クラスターを特徴付けるパラメータ」を同時に入れ替えても，事後確率は変わらない。たとえば，2つのクラスターに分類する場合でいえば，すべての i について $x_i=1-x_i$ とし，同時に確率分布のパラメータ γ_0 と γ_1 および事前所属確率 Q_0, Q_1 を入れ替えた場合がこれに相当する。また，ラベルについて和をとった式(3)で残りのパラメータを入れ替えた場合も同様である。
>
> 　このような場合，典型的には事後確率密度の高い領域が複数でき，それらは上の変換で互いに写像される。そこで，MCMCでラベル $\{x_i\}$，パラメータ $\{\gamma_k\}$, $\{Q_k\}$ を同時にサンプルすると，もし生成されるサンプル列が十分よく混合しているならば複数の等価な領域をいつまでも移り動くことになる。この結果，クラスターへの所属確率(事後確率)はすべて $1/K$ という自明な値に収束する(K はクラスターの個数)[3]。ラベルについて和をとった分布(3)についても同様の問題が起きる。この現象をラベル・スイッチングと呼ぶ。
>
> 　ラベル・スイッチングはMCMCの欠点だと誤解されることがあるが，実際はモデルの性質を正確に表現しているから起きる。むしろラベル・スイッチングが起きないほうがアルゴリズムとしてはうまく機能していないわけである。クラスターへの分割そのものでなく，それに基づく予測や密度推定を考えれば，問題は消滅するが，多くのユーザーはやはり「分類すること」そのものに興味があるので，それと折り合いを付けようとすると，なんらかの付加的な規則を導入しなくてはならない。

2　欠　測

　実際のデータ解析では「欠測」はアドホックな扱いがされることが多いが，欠測値を「観測できない状態」とみなすことで，ある程度系統的な扱いが可

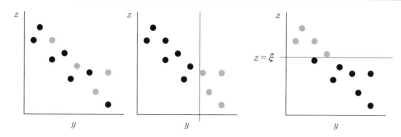

図2 欠測の例。灰色の点では縦軸 z の値が欠測し,横軸 y の値のみが観測される。(左)完全にランダムな欠測(MCAR)。(中)横軸 y の値がしきい値を超えると縦軸 z が欠測(MCAR でない MAR の例)。(右)縦軸 z が本来とるはずの値がしきい値 ξ を超えると縦軸 z が欠測。

能である。この形式は階層ベイズモデルと相性がよい。

ランダムな欠測

いま,$\{(y_i, z_i)\}$ というデータに対して

$$p(\{y_i\}, \{z_i\}|\gamma) = \prod_{i=1}^{n} p(y_i, z_i|\gamma)$$

というモデルを仮定して,そのパラメータ γ を推定する問題を考える。ただし,その際に z_i の値がランダムに欠測しているとする(図2左)。z_i が欠測のとき,もとのモデルの式は定義されないから,そのままでは最尤法を適用できない。以下では,やや遠回りになるが,階層ベイズ法とのつながりがわかりやすい導出を試みよう。

まず,この状況をあらわすために,$\{z_i\}$ の背後に $\{x_i\}$ という「隠れた状態」があって,上と同形の $\prod_{i=1}^{n} p(y_i, x_i|\gamma)$ という分布にしたがい,z_i は x_i から,たとえば

$$z_i = \begin{cases} \text{NA}, & \text{確率 } q \\ x_i, & \text{確率 } 1-q \end{cases}$$

のように生成されると考える。ただし,NA には欠測をあらわすラベルとして,x_i が決してとらないような数値が割り当てられているものとする。z_i

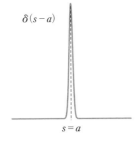

図3 δ関数のイメージ。実際に図に描かれているのは分散が小さい正規分布の確率密度関数。

が欠測している i の集合を $\mathcal{N}_A = \{i | z_i = \mathrm{NA}\}$ であらわし，$\mathcal{N}_A$ の要素の個数 $\#\mathcal{N}_A$ を m としよう。

以下で，確率密度関数を用いて議論を進めたいが「確率変数同士が正確に一致する」というような式は連続な密度関数の範囲ではうまく書けない。そこで，物理や工学でよく使われるディラックの δ 関数を使うと便利である。δ 関数は大げさにいえば「超関数」であるが，直観的には「鋭いピークを持つ確率密度関数」，たとえば正規分布の密度関数で分散が非常に小さいもの，と考えてよい(図3)。δ 関数は偶関数として扱ってよく，任意の性質の良い関数 f について

$$\int_{-\infty}^{\infty} \delta(s-a) f(s) ds = f(a) \tag{4}$$

を満たす。$\delta(s-s')$ のような因子を密度関数に挿入すれば，拘束条件 $s = s'$ を表現できる。

そうすると，y_i, z_i, x_i の同時分布は $\gamma \to (y_i, x_i) \to (y_i, z_i)$ という生成プロセスを考えて

$$\begin{aligned}&p(y_i, z_i, x_i | \gamma) \\ &= p(y_i, x_i | \gamma) \left[(1-q) \times \delta(z_i - x_i) + q \times \delta(z_i = \mathrm{NA}) \right]\end{aligned} \tag{5}$$

と書くことができる。ここで，[ ]の中は「確率 $1-q$ で $z_i = x_i$」「確率 q で $z_i = \mathrm{NA}$」という内容をそのまま式で表現している。

γ の事前分布[4]を $p(\gamma)$ とすると，$\{y_i\}, \{z_i\}, \{x_i\}, \gamma$ の同時分布は

$$p(\{y_i\}, \{z_i\}, \{x_i\}, \gamma) = p(\gamma) \times \prod_{i=1}^{n} p(y_i, z_i, x_i | \gamma) \qquad (6)$$

となり，$\{x_i\}$ と γ の同時事後分布は

$$p(\{x_i\}, \gamma | \{y_i\}, \{z_i\}) = \frac{p(\{y_i\}, \{z_i\}, \{x_i\}, \gamma)}{\int p(\{y_i\}, \{z_i\}, \{x_i\}, \gamma) dx d\gamma} \qquad (7)$$

となるが，これは式(6)の $\{y_i\}$, $\{z_i\}$ にデータを代入して，$\{x_i\}$, γ について正規化したものである。

データ $\{z_i\}$ を与えると欠測の集合 $\mathcal{N}_A$ が定まるが，式(5)の [ ] の中の2つの項のうち $i \notin \mathcal{N}_A$ なら前のほう，$i \in \mathcal{N}_A$ なら後のほうが有効になる。そこで，積(6)の中で，それぞれをまとめて $\prod_{i \notin \mathcal{N}_A} \cdots$, $\prod_{i \in \mathcal{N}_A} \cdots$ の形で書くと，求める同時事後分布の式は

$$\begin{aligned} &p(\{x_i\}, \gamma | \{y_i\}, \{z_i\}) \\ &= C \times p(\gamma) \times \prod_{i \notin \mathcal{N}_A} p(y_i, x_i | \gamma) \delta(z_i - x_i) \times \prod_{i \in \mathcal{N}_A} p(y_i, x_i | \gamma) \qquad (8) \end{aligned}$$

と整理できる(C は正規化定数)。式全体にかかる因子 $q^m(1-q)^{n-m}$ および $\delta(z_i = \mathrm{NA})$ は，$\{x_i\}$ と γ のどちらも含まないので，(7)の分母・分子でキャンセルすることに注意。

$i \notin \mathcal{N}_A$ については δ 関数で $x_i = z_i$ と固定されるので，それ以外の変数 $\{x_{i \in \mathcal{N}_A}\}$ と γ の同時密度を考えて，(8)の代わりに

$$\begin{aligned} &p(\{x_{i \in \mathcal{N}_A}\}, \gamma | \{y_i\}, \{z_i\}) \\ &= C \times p(\gamma) \times \prod_{i \notin \mathcal{N}_A} p(y_i, z_i | \gamma) \times \prod_{i \in \mathcal{N}_A} p(y_i, x_i | \gamma) \qquad (9) \end{aligned}$$

と書くこともできる。ここで，$i \notin \mathcal{N}_A$ については，$p(y_i, x_i | \gamma)$ の x_i を z_i に置き換えている[5]。(9)から γ の周辺事後密度は

$$\begin{aligned} &p(\gamma | \{y_i\}, \{z_i\}) \\ &= C \times p(\gamma) \times \prod_{i \notin \mathcal{N}_A} p(y_i, z_i | \gamma) \times \prod_{i \in \mathcal{N}_A} \int p(y_i, x_i | \gamma) dx_i \qquad (10) \end{aligned}$$

とあらわせる。式(10)から事前分布 $p(\gamma)$ を除いたものは，欠測の理論で完全尤度（厳密には直接尤度・観測データの尤度）と呼ばれるものに相当する。

ここで，y_i と x_i が独立，すなわち $p(y_i, x_i|\gamma)=p(y_i|\gamma)p(x_i|\gamma)$ であれば，(10)の積分は

$$\int p(y_i, x_i|\gamma)dx_i = \int p(y_i|\gamma)p(x_i|\gamma)dx_i = p(y_i|\gamma)$$

となって，単に $p(x_i|\gamma)$ が消えるだけだが，y_i と x_i が独立でない場合には，観測されている y_i が x_i を介して γ の推定に影響する効果を取りこんだ式になる。

式(10)を最大にする γ を求めれば，欠測がある場合の γ の推定量が得られる。これは経験ベイズ推定に相当する手法であり，いわゆる EM アルゴリズムがよく利用される。別の方法としては，同時分布(9)から $\{x_{i\in\mathcal{N}_A}\}$ と γ を MCMC でサンプルすることもできる。

ここでは，「ランダムな欠測」として，z_i の欠測の有無が自分自身が本来とる値（ここの記号で x_i）および他の変数の値（ここの記号で y_i）の組 (x_i, y_i) と独立な場合を考えた。これは欠測の理論で**完全にランダムな欠測**（**MCAR**）と呼ばれる場合に相当する。欠測の理論で**ランダムな欠測**（MAR）と呼ぶのは「観測されている変数 y_i の値を与えたときに，z_i の欠測の有無が x_i と独立な場合」（図2中）だが，その場合は q を $q(y_i)$ とすればよい[6]。

「打ち切り」を含むモデル

より複雑な場合でも，欠測の条件が明確にわかっている場合には，先の例と同様なモデリングで扱うことができる。

たとえば「z_i の値が既知のしきい値 ξ を超えると必ず欠測し，そうでない場合は欠測しない」というケースを考えよう（図2右）。具体例としては，ある現象が継続する時間を測定する場合に「測定時間の上限が1時間で，そこで観察が打ち切られてしまう」といった場合が考えられる。欠測した場合，z_i の値については「ξ を超える」という情報だけが得られることになる。

前と同様に z_i の背後にある隠れた状態を x_i,

$$z_i = \begin{cases} \mathrm{NA}, & x_i > \xi \\ x_i, & x_i \leq \xi \end{cases}$$

とし, z_i が欠測している i の集合を $\mathcal{N}_A = \{i | z_i = \mathrm{NA}\}$ と書く。また, 記号 I を

$$I(条件式) = \begin{cases} 1, & 条件式が成立 \\ 0, & 条件式が不成立 \end{cases}$$

と定義しよう。

すると, y_i, z_i, x_i の同時分布は δ 関数と I を用いて,

$$p(y_i, z_i, x_i | \gamma)$$
$$= p(y_i, x_i | \gamma) \big[\, I(x_i \leq \xi) \delta(z_i - x_i) + I(x_i > \xi) \delta(z_i = \mathrm{NA}) \,\big]$$

(11)

とあらわせる。ここで, $[\ \ ]$ の中の式は「$x_i \leq \xi$ なら $z_i = x_i$」「$x_i > \xi$ なら $z_i = \mathrm{NA}$」という内容をそのまま数式で表現している。

$p(\gamma)$ を γ の事前分布とすると, 前と同様に $\{y_i\}$, $\{z_i\}$, $\{x_i\}$, γ の同時分布は

$$p(\{y_i\}, \{z_i\}, \{x_i\}, \gamma) = p(\gamma) \times \prod_{i=1}^{n} p(y_i, z_i, x_i | \gamma) \qquad (12)$$

となる。(11)と(12)から, $\{x_i\}$ と γ の同時事後分布は

$$p(\{x_i\}, \gamma | \{y_i\}, \{z_i\})$$
$$= C \times p(\gamma) \times \prod_{i \notin \mathcal{N}_A} p(y_i, x_i | \gamma) \, I(x_i \leq \xi) \, \delta(z_i - x_i)$$
$$\times \prod_{i \in \mathcal{N}_A} p(y_i, r_i | \gamma) \, I(x_i > \xi)$$

と求まる(C は正規化定数)。ここで, ランダムな欠測の場合と同様に, $i \notin \mathcal{N}_A$, $i \in \mathcal{N}_A$ の因子をそれぞれまとめて書き, $\{x_i\}$ と γ のいずれも含まない因子は落とした。

これも前と同様に, $\{z_i\}$ を与えた時点で $\mathcal{N}_A$ が定まって, $i \notin \mathcal{N}_A$ なら $x_i = z_i$ と固定されるので, それ以外の変数 $\{x_{i \in \mathcal{N}_A}\}$ と γ の同時密度を考え

講義3　161

ると

$$
\begin{aligned}
& p(\{x_{i \in N_A}\}, \gamma | \{y_i\}, \{z_i\}) \\
& = C \times p(\gamma) \times \prod_{i \notin N_A} p(y_i, z_i | \gamma) I(z_i \leq \xi) \times \prod_{i \in N_A} p(y_i, x_i | \gamma) I(x_i > \xi)
\end{aligned}
$$

となる[7]。欠測の機構の仮定が正しければ「$i \notin N_A$ について $z_i \leq \xi$」が常に成り立つので，因子 $I(z_i \leq \xi)$ は式から除くことができて，最終的な形は

$$
\begin{aligned}
& p(\{x_{i \in N_A}\}, \gamma | \{y_i\}, \{z_i\}) \\
& = C \times p(\gamma) \times \prod_{i \notin N_A} p(y_i, z_i | \gamma) \times \prod_{i \in N_A} p(y_i, x_i | \gamma) I(x_i > \xi) \quad (13)
\end{aligned}
$$

となる。

前と同様に，γ の周辺事後密度を最大化して γ の値を推定することもできるが，MCMC のツールが使えれば，同時分布(13)から $\{x_{i \in N_A}\}$ と γ を MCMC でサンプルする方法の実装も容易である。アルゴリズムの具体例はすぐあとで述べる。

欠測とベイズモデリング

2つの例について事後密度の導出までを示したが，ここで改めて内容を振り返ってみたい。まず「欠測値の背後にある状態を局所的なパラメータ $\{x_i\}$ と考える」という考え方をした場合，欠測のモデリングは階層ベイズモデリングとほぼ同じように進めることができることがわかる。階層ベイズモデリングに慣れている人であれば，特段の違和感なく導出を追うことができたのではないか。

唯一の相違点は，欠測の場合は「$\{x_i\}$ がはじめから条件つき確率の棒 | の左側にある」ということで，このため，$p(x_i)$ という事前分布を別途導入する必要はない。いわば，出発点で含まれている「欠測が生じる前の完全データの分布」が x_i の事前分布の役割を果たしていることになる(ただし，回帰分析の設定では説明変数の分布が必要になる)。

ここであげた例をみると，欠測のモデリングはほぼ階層ベイズモデリング

に吸収できそうである．しかし，逆も真であって，いろいろな問題を階層ベイズモデルの枠内で考える代わりに，それらをすべて欠測の問題として考えることもできる．この立場では，状態空間モデルでは「時系列の背後にある状態」が欠測しており，有限混合分布モデルでは「どの分布から発生したかを示すラベル」が欠測しているとみなす．このように考えても，経験ベイズ法に相当する範囲までなら，大きな違いはないといえる．

いずれの立場でも，データの背後にある隠れた要素（潜在変数）に対して，それを生成する確率分布を考える，という点では共通しており，その分布を「パラメータの事前分布」とみなすか「欠測が生じる前の完全データの分布」とみなすかは，ある程度は好みの問題と思われる．

融合して考える利点

どちらがどちらを吸収するか，という話はおくとして，欠測のモデリングと階層ベイズモデリングを一体化して考える利点は何だろうか．

まずひとつは，状態空間モデルや CAR モデルなどについても，欠測の処理とモデルにもともと含まれている「隠れた状態」の処理を合わせて，「直接観測されない変数について積分する（周辺化する）」という考え方で統一的に扱えることである．特に，ある時刻の観測がそっくり欠けている場合は，単にその部分の尤度関数を取り去ればよい[8]．

もうひとつは，数値的手法の共通性である．すでに述べたように，欠測の問題では EM アルゴリズムがよく用いられるが，それ以外に，より具体的に欠測を仮想サンプルで補完する手法も提案されてきた[9]．ところが，事後分布(9)や(13)からサンプルを発生させるとき，MCMC の手法のひとつであるギブス・サンプラーを適用すると，これらと類似の操作が一般論から自動的に導かれる．具体的な解き方のレベルでも，階層ベイズモデルと欠測のモデルは自然につながっているわけである．

事後分布(13)を例に説明しよう．ギブス・サンプラーでは，各変数を「他のすべての変数の値を固定した条件つき分布」(full conditional)からサンプ

ルする操作を繰り返す。(13)の場合でいえば，このために必要な条件つき分布は

$$p(x_i|\{y_i\}, \{z_i\}, \gamma) = C_1 \times I(x_i > \xi)p(y_i, x_i|\gamma), \ \ i \in \mathcal{N}_A \quad (14)$$

$$
\begin{aligned}
&p(\gamma|\{y_i\}, \{z_i\}, \{x_{i \in \mathcal{N}_A}\}) \\
&= C_2 \times p(\gamma) \times \prod_{i \notin \mathcal{N}_A} p(y_i, z_i|\gamma) \times \prod_{i \in \mathcal{N}_A} p(y_i, x_i|\gamma) \quad (15)
\end{aligned}
$$

となる（C_1, C_2 は正規化定数）。ギブス・サンプラーの最初のステップでは γ を与えて，分布(14)から $\{x_{i \in \mathcal{N}_A}\}$ を，i ごとに独立にサンプルする（$p(y_i, x_i|\gamma)$ が正規分布なら切断正規分布からのサンプル生成になる）。これはまさに「γ を与えて欠測値を仮想サンプルで補完する」ことにほかならない。次のステップでは，仮想サンプルを代入した分布(15)から新たな γ を生成するが，これは欠測がない場合に事後分布から γ をサンプルするのと同じ方法でできる。あとはこの2つを繰り返すことになる[10]。この方法はギブス・サンプラーとしては最も簡単なものであるが，欠測の分野ではデータ拡大法（data augmentation）と呼ばれている。

　ここで，あらためて「欠測だから仮想サンプルで補完しよう」と考えなくても，実質的に等価な操作が行われる点が重要である。逆にいえば，このように考えることで「欠測」のイメージに直接結びつかない MCMC の手法を欠測の問題に適用することも可能になる（ただし実際にそれが有用か否かはまた別である）。

考えるべき点

　ベイズモデリングの背後には「**バイアスとばらつきをバランスさせる**」という考え方があるが，欠測に関しては「**バイアスの補正を優先する**」場合がある。その典型は[岩波 DS3]のテーマである**因果推論**でみられる。[岩波 DS3]で紹介されているルービンの枠組みでは因果推論における「反事実」を欠測の一種としてとらえるが，そこでの主な目標は交絡によるバイアスの

補正にあるので，バイアスを引き起こす可能性のある手法は好まれないことになる[11]。欠測の推定と階層ベイズモデルの関係をより深く考えるには，こうした違いも考慮する必要があるかもしれない。

注

1) 複数の独立な時系列から推定する場合には，各系列について周辺尤度の積をとればよい（状態変数については時系列ごとに別の変数と考えるので，積をとる操作と周辺化は交換可能である）。

2) ここでは説明しなかったが，離散パラメータの代わりにコーシー分布のような裾の長い分布を用いることで，外れ値を扱うこともできる。しかしこの場合にも，多峰性分布の問題があらわれる。

3) この場合でも，要素の対 (i, j) に対して「$x_i = x_j$ となる確率」は意味を持つことに注意。

4) 特に事前の情報がなければ，適当な「無情報事前分布」（幅の広い分布）を使うことになるだろう。

5) 形式的には δ 関数の性質(4)を用いて，$i \not\in \mathcal{N}_A$ について

$$\int_{-\infty}^{\infty} p(y_i, x_i | \gamma) \delta(z_i - x_i) \, dx_i = p(y_i, z_i | \gamma)$$

と周辺化したことに相当する。なお，$\{x_{i \in \mathcal{N}_A}\}$ のみの同時事後密度を考える前提として，「$\{z_i\}$ で条件付けた時点で同時密度に含まれる変数 $\{x_{i \in \mathcal{N}_A}\}$ が決まる」ことが重要で，そうでないと確率密度が定義されている空間があやふやになる。

6) 欠測の定式化についての短い説明と例は，たとえば，星野崇宏『調査観察データの統計科学』（岩波書店，2009）の 2 章冒頭にある。より詳しくは，Little, R. J. A. and Rubin, D. B. (2002) "Statistical Analysis with Missing Data" (2nd ed) (Wiley)，高井ほか『欠測データの統計科学——医学と社会科学への応用』（岩波書店，2016）などを参照。

7) 形式的な導出は，注 5 と同様に，δ 関数の性質を用いて行うことができる。

8) 不等時間間隔のデータにおいて観測値のない時刻を欠測として扱う場合が典型的である。

9) たとえば，注 6 の Little and Rubin の本の 10 章を参照。

10) 打ち切り回帰モデル（トービットモデル）の MCMC についてのもう少し詳しい説明が[統フロ 12]の第 III 部 5.2 節にある。

11) たとえば，因果推論で使われる手法のひとつである**傾向スコア法**では「まず傾向スコアを推定してから，それを用いてバイアスの補正を行う」という 2 段式の手法が用いられる。ベイズモデリングに慣れた人なら「パラメータ推定の結果を傾向スコアの計算にフィードバックするような経路をなぜ遮断するのか」と考えるかもしれないが，そうしない理由のひとつはバイアスの補正を保証するためだろう。

付録 A
階層ベイズモデルの予測分布

2 種類の予測分布

ここでは「興味のあるパラメータの違い」が階層ベイズモデルの予測分布の違いにどのように反映されるかについて説明する。いろいろな予測分布がありうるが，ここでは 2 種類だけを考える。

まず「局所的なパラメータ x に興味がある場合」であるが，「x に興味がある」ということを「予測」に焼きなおすと「x がデータから推定した値をとるとして，そこから未来のデータ z が独立に発生する」という状況に対応すると解釈できる。ベイズ統計では x の点推定値より事後分布からのサンプルを考えるのが自然なので「x を事後分布からサンプルして，それを用いて新しいデータを生成したときの分布」を予測分布と考えるのが妥当だろう。これは，$p(z|x)$ が $p(y|x)$ と同じ分布の密度関数だとして，

$$p(z|y) = \int p(z|x)p(x|y)dx$$

となる。これに同時事後分布（講義 0 の式 (1)）から $p(x|y) = \int p(x, \gamma|y)d\gamma$ で求めた $p(x|y)$ を代入すると

$$p(z|y) = C \int p(z|x)p(y|x)p(x)dx \qquad (1)$$

と書きかえられる。ただし，ここで，C は正規化定数で，

$$p(x) = \int p(x|\gamma)p(\gamma)d\gamma$$

である。式 (1) は混合分布 $p(x)$ を事前分布としたベイズモデルの予測分布と解釈できる。もとの $p(x|\gamma)$ が成分 x_i ごとの確率密度の積でも，γ で積分

した $p(x)$ はそうならないことに注意されたい。

これに対して「大域的なパラメータ γ に興味がある場合」に対応する予測分布は，現在の x の値は偶発的なものとして無視して「γ を事後分布からサンプルして，その γ の値を入れた条件つき分布から新たに x' を生成し，その x' を用いて未来のデータ z を生成したときの分布」と解釈されるので，

$$p(z|y) = \int p(z|x')p(x'|\gamma)p(\gamma|y)dx'd\gamma$$

となる。講義 0 の式 (2) を使って書きかえると

$$p(z|y) = C' \int q(z|\gamma)q(y|\gamma)p(\gamma)d\gamma \qquad (2)$$

となる。ここで，C' は正規化定数で

$$q(y|\gamma) = \int p(y|x)p(x|\gamma)dx$$

とおいた。式 (2) は，混合分布 $q(y|\gamma)$ を尤度関数としたベイズモデルの予測分布と解釈できる（q の具体形については講義 1 の注 15 も参照）。

このほか「回帰モデルの直線の傾き」のようなパラメータに興味がある場合も考えられ，それぞれに応じた予測分布を考える必要がある。

予測分布の評価

予測分布の性能評価などによく使われるのは，サンプルサイズの大きい極限を考える方法である。これを統計学では**漸近理論**と呼ぶ。階層ベイズモデルの場合に，サンプルサイズを大きくしたとき漸近理論の結果が良い近似になるかどうかは「興味があるパラメータ」と「極限のとり方」の両方が関係する。

たとえば，グループ構造を持つモデルであれば，

　　A. グループ数を増やして，各グループのメンバー数は一定にする。

　　B. グループ数を一定にして，各グループのメンバー数を増やす。

の 2 種類の極限が考えられる。講義 1 でスタイン推定の例として示した設定

では，分散 σ^2(あるいは各選手の打席数)を一定とすると，A のタイプの極限を考えるのが自然だろう(B のタイプの極限では推定値が最尤推定値に近づいていく)。状態空間モデルや CAR モデルなどでも，A に相当する極限が自然なことが多い[1]。$\{x_i\}$ を局所的なパラメータと呼んだのも，A のような状況を念頭においてである。

極限 A を前提とした場合，大域的なパラメータに興味がある場合の予測分布(2)は，混合分布に対する漸近理論で評価することができる[2]。ところが，局所的なパラメータに興味がある場合の予測分布(1)については，極限 A ではサンプルサイズとともにパラメータ $x=\{x_i\}$ の個数(ベクトルと考えたときには成分の数)も増えるので，漸近理論がよい近似になるとは限らない[3]。

漸近理論によらずに推定量や予測分布の性能を評価する方法はいくつかある。たとえば，推定量がデータについて線形であれば，推定量の平均 2 乗誤差を有限サンプルに対して厳密に得ることが可能である。もう少し難しい場合でも使える方法として，講義 1 (証明は付録 B)ではスタインの補題を用いる手法で局所的なパラメータの推定量の性能評価を行っている。この方法は，適用可能なモデルに制約があるが，簡単な微積分だけで有限サンプルサイズの場合の厳密な評価が得られる点が興味深い[4]。

注
1) 状態空間モデルの場合でいえば，極限 A は各時点での観測数を一定として時系列の長さ(観測時間)を延ばしていった場合にあたる。これに対して，極限 B は各時点での観測数そのものが増えるような極限に相当する。
2) ただし，混合分布が特異モデルになる場合は一般化された漸近理論が必要となる。
3) こうした状況は階層ベイズモデルに限らず，たとえば，重回帰分析の変数選択[岩波 DS5]を数理的に定式化しようとした場合にも起きうる。
4) サンプルサイズとともにパラメータの数が増える極限で使える手法として，レプリカ法など情報統計力学の手法があるが，適用可能なモデルにはやはり制限がある。情報統計力学でも漸近的な振舞いを調べるが，その手法は統計学でいう「漸近理論」とはかなり異なっている。

付録 B
スタイン推定量が2乗誤差の期待値を改良することの証明

一般的な考察

最初は少し一般的な話からはじめることにする。パラメータの推定量として，

$$\widehat{\theta}_i^{\mathrm{S}}(\boldsymbol{y}) = y_i + g_i(\boldsymbol{y})$$

という形のものを考える。$\boldsymbol{y} = \{y_1, ..., y_n\}$ がデータ，g_i は任意の関数である。[付録 B]ではデータ全体をあらわす y を $\boldsymbol{y}$ のように太文字にするが，それは個々の成分 y_i との区別が特に重要なためである。また $\{y_i\}$ は互いに独立であるとする。

本文と同様に，$\mathbb{E}[\ ]$ で $\boldsymbol{y}$ を「真の分布」から発生させたときの期待値をあらわすとし，2乗誤差の期待値

$$\mathbb{E}\left[\sum_{i=1}^{n}(\theta_i^\star(\boldsymbol{y}) - \theta_i)^2\right]$$

を小さくする推定量 $\theta_i^\star(\boldsymbol{y})$ がよい推定量だと考えることにする。

$\theta_i^\star(\boldsymbol{y})$ のところに $\widehat{\theta}_i^{\mathrm{S}}(\boldsymbol{y}) = y_i + g_i(\boldsymbol{y})$ を代入して展開すると

$$\mathbb{E}\left[\sum_{i=1}^{n}(y_i + g_i(\boldsymbol{y}) - \theta_i)^2\right]$$
$$= \mathbb{E}\left[\sum_{i=1}^{n}(y_l - \theta_l)^2\right] + 2\mathbb{E}\left[\sum_{i=1}^{n}(y_i - \theta_i)g_i(\boldsymbol{y})\right] + \mathbb{E}\left[\sum_{i=1}^{n}y_i(\boldsymbol{y})^2\right]$$

$$\tag{1}$$

となる。3つの項のうち，第1項は定数 $n\sigma^2$ になる。また，第3項はあとでみるように容易に計算できる。問題は，第2項

$$2\mathbb{E}\left[\sum_{i=1}^{n}(y_i-\theta_i)g_i(\boldsymbol{y})\right] \tag{2}$$

で，この交差項を容易に扱える形に書き直したい。

交差項の評価

そこで使われるのが**スタインの補題**にもとづく手法である。本文の設定と同様に，i 番目の観測値 y_i が正規分布

$$p(y_i|\theta_i) = \frac{1}{\sqrt{2\pi\sigma^2}}\exp\left(-\frac{(y_i-\theta_i)^2}{2\sigma^2}\right), \quad i=1,\dots,n \tag{3}$$

にしたがうとする。この仮定のもとで，

$$\mathbb{E}[(y_i-\theta_i)g_i(\boldsymbol{y})] = \sigma^2\mathbb{E}\left[\frac{dg_i(\boldsymbol{y})}{dy_i}\right] \tag{4}$$

を示そう。この式がこの問題でのスタインの補題に相当するものである[1]。ここで，期待値 $\mathbb{E}[\ ]$ は存在すると仮定する。式(4)の両辺を i について足し合わせると

$$\mathbb{E}\left[\sum_{i=1}^{n}(y_i-\theta_i)g_i(\boldsymbol{y})\right] = \sigma^2\mathbb{E}\left[\sum_{i=1}^{n}\frac{dg_i(\boldsymbol{y})}{dy_i}\right] \tag{5}$$

となり，交差項(2)の計算に便利な式が得られる。

式(4)の $\mathbb{E}$ は $\boldsymbol{y}=\{y_1, y_2, \dots, y_n\}$ についての期待値であるが，y_i だけについての期待値 $\mathbb{E}_{y_i}$ について

$$\mathbb{E}_{y_i}[(y_i-\theta_i)g_i(\boldsymbol{y})] = \sigma^2\mathbb{E}_{y_i}\left[\frac{dg_i(\boldsymbol{y})}{dy_i}\right] \tag{6}$$

が示せれば，$y_j, j\neq i$ についての期待値を両辺でとることで，式(4)が得られる。そこで，式(6)を示せば十分である。

まず，天下りだが，正規分布の確率密度の式(3)を微分すると

$$\frac{d}{dy_i}p(y_i|\theta_i) = -\frac{1}{\sigma^2}(y_i-\theta_i)p(y_i|\theta_i)$$

が成り立つので，式(6)の左辺は

$$\int_{-\infty}^{\infty}(y_i-\theta_i)g_i(\boldsymbol{y})p(y_i|\theta_i)dy_i = -\int_{-\infty}^{\infty}\sigma^2 g_i(\boldsymbol{y})\frac{dp(y_i|\theta_i)}{dy_i}dy_i$$

と書きなおせる。ここで，導出のキモである「部分積分」を行うと，

$$-\int_{-\infty}^{\infty}\sigma^2 g_i(\boldsymbol{y})\frac{dp(y_i|\theta_i)}{dy_i}dy_i = \int_{-\infty}^{\infty}\sigma^2\frac{dg_i(\boldsymbol{y})}{dy_i}p(y_i|\theta_i)dy_i$$

となる。ただし，正規分布の確率密度が遠方で急速に落ちるため，部分積分で両端の差をとる項が消えることを使った（そのような g_i の範囲で考える）。これで

$$\mathbb{E}_{y_i}[(y_i-\theta_i)g_i(\boldsymbol{y})] = \int_{-\infty}^{\infty}\sigma^2\frac{dg_i(\boldsymbol{y})}{dy_i}p(y_i|\theta_i)dy_i$$

が示せたことになるが，この右辺を期待値の形に書き直したものが式(6)である。

与えられた値に縮小する場合

　本文で与えた推定量の前に，少し単純化して「データを得る前に与えられていた値 θ_0」に向かって縮小するケースを考えよう。以下では $n\geq3$ とする。この場合のスタイン推定量は，y_i の平均値の代わりに θ_0 とし，$n-3$ を $n-2$ とした

$$\widehat{\theta}_i^{\mathrm{S}} = (1-a)y_i + a\theta_0,$$
$$a = \frac{\sigma^2}{s^2},\quad s^2 = \frac{1}{n-2}\sum_{j=1}^{n}\left(y_j-\theta_0\right)^2$$

である。この式を計算に都合よく変形すると

$$\widehat{\theta}_i^{\mathrm{S}} = y_i - a(y_i-\theta_0),\quad a = \frac{\lambda}{\sum\limits_{j=1}^{n}\left(y_j-\theta_0\right)^2}$$

となる。ここで $\lambda=(n-2)\sigma^2$ であるが，以下では一般の λ について議論する。$\lambda=0$ のとき，最尤推定量 $\widehat{\theta}_i=y_i$ が再現されるので「$\lambda=(n-2)\sigma^2$ のとき，$\lambda=0$ より2乗誤差の期待値が小さくなる」というのが示すべきことである。

付録B　171

すぐ上の式から $g_i(\boldsymbol{y})$ に相当する部分を抜きだすと

$$g_i(\boldsymbol{y}) = -\lambda \frac{y_i - \theta_0}{\sum\limits_{j=1}^{n} (y_j - \theta_0)^2}$$

となる。先に導いた結果(5)

$$\mathbb{E}\left[\sum_{i=1}^{n}(y_i - \theta_i)g_i(\boldsymbol{y})\right] = \sigma^2 \mathbb{E}\left[\sum_{i=1}^{n} \frac{dg_i(\boldsymbol{y})}{dy_i}\right] \tag{5}$$

の右辺を評価するために，g_i の微分を計算すると

$$\frac{dg_i(\boldsymbol{y})}{dy_i} = -\lambda \left\{ \frac{1}{\sum\limits_{j=1}^{n}(y_j - \theta_0)^2} - \frac{2(y_i - \theta_0)^2}{\left[\sum\limits_{j=1}^{n}(y_j - \theta_0)^2\right]^2} \right\}$$

となる。i についての和をとると，最初の項は n 個同じものが出て，第2の項では因子 $\sum\limits_{j=1}^{n}(y_j - \theta_0)^2$ がひとつ分，分母と分子でキャンセルするので

$$\sum_{i=1}^{n} \frac{dg_i(\boldsymbol{y})}{dy_i} = -\lambda \left\{ \frac{n}{\sum\limits_{j=1}^{n}(y_j - \theta_0)^2} - \frac{2}{\sum\limits_{j=1}^{n}(y_j - \theta_0)^2} \right\}$$

$$= -\frac{(n-2)\lambda}{\sum\limits_{j=1}^{n}(y_j - \theta_0)^2}$$

のようになる。これを(5)の右辺に代入すると

$$\mathbb{E}\left[\sum_{i=1}^{n}(y_i - \theta_i)g_i(\boldsymbol{y})\right] = -\mathbb{E}\left[\frac{(n-2)\sigma^2\lambda}{\sum\limits_{j=1}^{n}(y_j - \theta_0)^2}\right] \tag{7}$$

となる。これを2倍したものが式(1)の第2項(2)である。

式(1)の第3項は直接計算して

$$\mathbb{E}\left[\sum_{i=1}^{n} g_i(\boldsymbol{y})^2\right] = \mathbb{E}\left[\frac{\lambda^2}{\sum\limits_{j=1}^{n}(y_j - \theta_0)^2}\right] \tag{8}$$

となる。ふたたび，因子 $\sum\limits_{j=1}^{n}(y_j - \theta_0)^2$ が分母と分子でキャンセルすること

を使った。

第2項(7)と第3項(8)をあわせて，第1項が$n\sigma^2$となることを使うと，2乗誤差の期待値(1)の全体は

$$\mathbb{E}\left[\sum_{i=1}^{n}(y_i-\theta_i)^2\right]+2\mathbb{E}\left[\sum_{i=1}^{n}(y_i-\theta_i)g_i(\boldsymbol{y})\right]+\mathbb{E}\left[\sum_{i=1}^{n}g_i(\boldsymbol{y})^2\right]$$
$$=n\sigma^2+(-2(n-2)\sigma^2\lambda+\lambda^2)\times\mathbb{E}\left[\frac{1}{\sum\limits_{j=1}^{n}\left(y_j-\theta_0\right)^2}\right]$$

と書ける。

期待値記号の中が正なので，$-2(n-2)\sigma^2\lambda+\lambda^2$を最小にする$\lambda$が右辺の最小値を与えるが，これは予定通り$\lambda=(n-2)\sigma^2$となる。そのときの2乗誤差の期待値は

$$n\sigma^2-(n-2)^2\sigma^4\times\mathbb{E}\left[\frac{1}{\sum\limits_{j=1}^{n}\left(y_j-\theta_0\right)^2}\right]$$

である。期待値記号の中の式は常に正なので，これは$n\geq3$で推定量$\widehat{\theta}_i=y_i$に対する値$n\sigma^2$より小さい。

上の式は$n\leq2$でも一見成り立ちそうに見えるが，落とし穴があって，右辺の期待値自体が存在せず，式(7)以降の議論が成立しない[2)]。

データから求めた平均値に縮小する場合

本文で取り上げたスタイン推定量は，与えられたθ_0の代わりに，観測データの平均

$$\bar{y}=\frac{1}{n}\sum_{i=1}^{n}y_i$$

に向けて縮小するものである。前の結果と比較しやすい形で書くと

$$\widehat{\theta}_i^{\mathrm{S}}=y_i-a(y_i-\bar{y}),\quad a=\frac{(n-3)\sigma^2}{\sum\limits_{j=1}^{n}\left(y_j-\bar{y}\right)^2} \tag{9}$$

となる。ここで、$n-2$ が $n-3$ になっているのは、直観的にいえば「自由度」が 1 だけ減るからと解釈できる。以下では $n \geq 4$ とする。

この推定量は、直前に証明した「与えられた θ_0 に向かって縮小する場合」から以下のように導出できる。省略されている本が多いのでやや詳しく書いたが、以下の導出はルーチン的なものである。証明の本質は前項までの内容にある。

まず、データ $y_1, y_2, \ldots, y_n$ を直交変換 R で変換して、n 個の正規分布する確率変数を定義する。

$$y_i' = \sum_{j=1}^{n} R_{ij} y_j$$

このとき $y_1' = \sqrt{n}\bar{y}$ となるようにする。これは、行列 R の 1 行目を長さ 1 のベクトル

$$\boldsymbol{e}_1 = \left(\frac{1}{\sqrt{n}}, \frac{1}{\sqrt{n}}, \ldots, \frac{1}{\sqrt{n}} \right)$$

に選ぶことに対応する。行列の残りの行の張る空間はベクトル $\boldsymbol{e}_1$ の直交補空間になる。以下、この空間を $V_1^{\perp}$ であらわそう。このような直交行列 R は無限個あるが、たとえばグラム–シュミットの直交化によって作ることができる。

$\{y_i'\}$ は独立な正規確率変数 $\{y_i\}$ の直交変換なので、$\{y_i\}$ が独立で分散が等しいとすると、$\{y_i'\}$ も同様になる。また、直交変換の性質から $\sum_{i=1}^{n} y_i'^2 = \sum_{i=1}^{n} y_i^2$ であり、

$$\sum_{i=1}^{n} y_i^2 = n\bar{y}^2 + \sum_{i=1}^{n} (y_i - \bar{y})^2$$

と $y_1'^2 = n\bar{y}^2$ から

$$\sum_{i=2}^{n} y_i'^2 = \sum_{i=1}^{n} (y_i - \bar{y})^2 \tag{10}$$

が成り立つ。ベクトル $(y_1, y_2, \ldots, y_n)$ と $\boldsymbol{e}_1$ との内積は

$$\frac{1}{\sqrt{n}} \sum_{i=1}^{n} y_i = \sqrt{n}\bar{y}$$

なので，$V_1^\perp$ への直交射影は

$$(y_1 - \bar{y},\, y_2 - \bar{y},\, \ldots,\, y_n - \bar{y}) \tag{11}$$

となる。

推定したいパラメータ $\{\theta_i\}$ を直交変換 R で変換したものを $\theta_1',\, ...,\, \theta_n'$ とする。それらについての「普通の推定量」を $\widehat{\theta}_i' = y_i'$ と定義すると，これは逆変換 R^{-1} でもとのパラメータの最尤推定量 $\widehat{\theta}_i = y_i$ にうつる。また，任意の推定量 $\{\theta_i^*\}$ を直交変換 R で変換したものを $\{\theta_i^{*'}\}$ とすると直交変換がベクトルの長さを保存することから

$$\sum_{i=1}^{n} (\theta_i^{*'} - \theta_i')^2 = \sum_{i=1}^{n} (\theta_i^* - \theta_i)^2 \tag{12}$$

となり，どちらの世界で計算しても2乗誤差は同じになる。

ここで，スタイン推定量を R で変換した先（$'$ のついた世界）で次のように定義する。

$$\widehat{\theta}_1'^{\mathrm{S}} = y_1' = \sqrt{n}\bar{y},$$

$$\widehat{\theta}_i'^{\mathrm{S}} = (1-a)y_i', \quad a = \frac{(n-3)\sigma^2}{\sum\limits_{j=2}^{n} y_j'^2}, \quad i = 2, \ldots, n$$

ここで，$i = 2, ..., n$ については，与えられた値に縮小するタイプのスタイン推定量で $\theta_0 = 0$ としたものを考えている。ただし，サンプルサイズが $n-1$ になっているので，$n-2$ のところは $n-3$ で置き換えられる。直観的に表現すると，e_1 の方向では不変，直交補空間 $V_1^\perp$ の中では $(1-a)$ 倍に縮小するわけである。このようにすると，$i = 2, ..., n$ では先に証明した結果によって，対応する2乗誤差が「普通の推定量」に比べて改良され，$i = 1$ では変わらないので，全体としても改良されることになる。

この推定量を逆変換 R^{-1} で $'$ のつかない世界に引き戻したものが，求め

るスタイン推定量になる。まず a を定数とみなそう。直交補空間 $V_1^\perp$ の中で
だけ $(1-a)$ 倍になるので，（11）を参照すると，引き戻した結果は

$$\widehat{\theta}_i^{\mathrm{S}} - \bar{y} = (1-a)(y_i - \bar{y}), \quad a = \frac{(n-3)\sigma^2}{\sum\limits_{j=2}^{n} {y'_j}^2}, \quad i = 1, \ldots, n$$

となる。ところが，式(10)から，$\sum\limits_{j=2}^{n} {y'_j}^2$ は $\sum\limits_{j=1}^{n} (y_j - \bar{y})^2$ に等しいので，

$$\widehat{\theta}_i^{\mathrm{S}} - \bar{y} = (1-a)(y_i - \bar{y}), \quad a = \frac{(n-3)\sigma^2}{\sum\limits_{j=1}^{n} (y_j - \bar{y})^2}, \quad i = 1, \ldots, n$$

となり，これを組みかえると求める推定量の式(9)が得られる。（12）から直
交変換で2乗誤差の値は変わらないので，引き戻した世界でも同じだけ改良
になっていることがわかる。

注
1) 以下の証明には必要ないが，式(4)は「y_i をちょっとずらしたときの $g_i(\boldsymbol{y})$ の変
   化率の期待値（右辺）を共分散（左辺）の形で表現する」式だといえる。
2) 簡単のために $\theta_0=0$, $\sigma^2=1$ の場合を考えると，$n=1$ の場合の期待値の計算は（定
   数因子を除いて）積分

$$\int_{-\infty}^{\infty} \frac{1}{y_1^2} \exp(-y_1^2/2) dy_1$$

   に帰着されるが，この積分は発散する。一般の n の場合は，$r^2 = \sum\limits_{i=1}^{n} y_i^2$ とおくと，
   期待値の計算にあらわれる積分は

$$\int_{-\infty}^{\infty} \frac{1}{r^2} \exp(-r^2/2) r^{n-1} dr$$

   となる（球座標に変換したときの動径方向の積分）。この積分は $n \geq 3$ で収束し，$n \leq$
   2 で発散する。

付録 C

事前分布が指数型分布族の場合の
経験ベイズ推定

ここで考える問題

ここでは

$$p(x|\lambda) = \frac{\exp(-\lambda f(x))}{\int \exp(-\lambda f(x))dx} \tag{1}$$

という形の事前分布について，λ の経験ベイズ推定量が満たす式を導き，その意味を考える．

導出は後回しにして，まず問題の関係式を提示すると

$$\mathbb{E}_{p(x|\lambda)}[f(x)] = \mathbb{E}_{p(x|y,\lambda)}[f(x)] \tag{2}$$

という式である[1]．ここで，左辺の期待値 $\mathbb{E}_{p(x|\lambda)}$ は事前分布 (1) での期待値，右辺の期待値 $\mathbb{E}_{p(x|y,\lambda)}$ は x の事後分布

$$p(x|y,\lambda) = \frac{p(y|x)p(x|\lambda)}{\int p(y|x)p(x|\lambda)dx}$$

での期待値を意味する．この結果は，複数の十分統計量を持つ指数型分布族に容易に拡張できるが，ここでは最もシンプルな場合を議論しよう．

式 (2) は実用上も役に立つ．まず，いろいろな λ の値について (2) の両辺を別々に MCMC で計算し，一致する点を求めることで経験ベイズ推定値を得ることができる．これは事前分布の正規化定数が不明の場合に経験ベイズ推定値を求める最も素朴な方法である．ボルツマンマシン学習とよばれる手法も式 (2) がもとになっている．逆に，(2) の両辺が比較的簡単に計算できる場合に，くりかえし計算でそれを解いて λ を求めるのが EM アルゴリズムに相当する．

付録 C　177

式（2）の直観的意味

式（2）の意味は，事前分布を定める十分統計量 $f(x)$ について

「事前分布での f の期待値」＝「事後分布での f の期待値」　　（＊）

が成り立つような λ が経験ベイズ推定値である，ということである。ここで重要なのは（＊）では「事後分布での期待値」だけでなく，「事前分布での期待値」が表に出ていることである。同じ内容は微分する前の式（後出の式（3））にも含まれているはずだが，（＊）の形にすることで，経験ベイズ推定の意図が明確になる。

（＊）の意味をさらに考えると，ある λ の値について「事前分布と事後分布が似ている」あるいは「事前分布にデータを加えても定性的な性質が変わらない」ということを，f という「特徴量」を尺度として表現した式だと解釈できる。「経験ベイズ法は事後分布にもとづく予測の性能を最大化している」と誤解している人もいるかもしれないが，直接にそういうことはやっていないのである。

生成モデルが良くない場合の経験ベイズ法の問題点

いま，たとえば，画像復元の問題で，事前分布からデータなしで生成したサンプルが，定性的にまったく画像に似ていなかったとする。この場合でも，式（＊）はたまたま何らかの解を持つ可能性がある。式（＊）では，$f(x)$ という1次元の量だけで「定性的に似ている」かどうかを判定しているので，高次元の x 同士が左辺と右辺で似ていなくても，（＊）は解を持ちうる。

しかし，その場合には，（＊）の解を代入した事前分布は事後分布に似ていないし，生成モデルとしての良さも保証されない。したがって，そうしたモデルに対しては，経験ベイズ法によって大域的なパラメータを定めることで画像復元の性能が良くなる，という期待には根拠がないことになる[2]。

しかし，そのようなモデルの場合でも，大域的なパラメータ λ をうまく選んだとき，その事前分布から求めた MAP 推定量が良い予測性能・復元性

能を示すことは十分ありうる。事後分布はデータに強く拘束されるため，その拘束された範囲では事前分布が画像の特徴をよくあらわすかもしれないからである[3]。さらにいえば，その範囲において，事後分布の与える確率の値の「相対的な比率」が意味を持てば，事後分布から定義した予測分布を利用することが正当化できる場合もあるだろう。このような場合を扱うには，生成モデルとベイズの公式にもとづく枠組みだけでは限界があり「罰則つき最尤推定の結果を代入した予測分布の性能評価」あるいは「事後分布から構成した予測分布の性能評価」というところに立ち戻らないといけないように思われる。しかし[付録 A]の後半で述べたことを考えると，それは必ずしも容易ではない。

式の導出

経験ベイズ法で最大化する量は以下の周辺尤度である。

$$L(\lambda) = \int p(y|x)p(x|\lambda)dx$$

これに(1)を代入すると

$$L(\lambda) = \frac{\int p(y|x)\exp\left(-\lambda f(x)\right)dx}{\int \exp\left(-\lambda f(x)\right)dx} \tag{3}$$

となり，対数をとると

$$\log L(\lambda) = \log \int p(y|x)\exp\left(-\lambda f(x)\right)dx$$
$$\log \int \exp\left(-\lambda f(x)\right)dx$$

となる。この右辺を λ で微分してゼロとおくと，

$$\frac{\int f(x)p(y|x)\exp(-\lambda f(x))dx}{\int p(y|x)\exp(-\lambda f(x))dx} - \frac{\int f(x)\exp(-\lambda f(x))dx}{\int \exp(-\lambda f(x))dx} = 0$$

となるが，これは

$$\mathbb{E}_{p(x|y,\lambda)}[f(x)] - \mathbb{E}_{p(x|\lambda)}[f(x)] = 0$$

と書きなおせる。

注

1) この式は，指数型分布族の最尤推定で λ の最尤推定量がみたす式の拡張とみなすことができる。最尤推定量のみたす式では，右辺は「十分統計量 $f(x)$ の事後分布での期待値」の代わりに「データから計算した十分統計量 $f(x)$ の値」となる。

2) 一般に経験ベイズ法はサンプルサイズが大きければフルベイズ法に近い答えを与えるので，いまのような場合にはフルベイズ法もやはりだめである。経験ベイズ法が近似だからだめなわけではない。

3) たとえば『ベイズ統計と統計物理』(岩波書店)で取り上げたイジングモデルの例はまさにそうなっている。Geman らの論文の例もおそらくそれに準ずると思われる。

執筆者

伊庭幸人（いばゆきと）	統計数理研究所
久保拓弥（くぼたくや）	北海道大学地球環境科学研究院
丹後俊郎（たんごとしろう）	医学統計学研究センター
樋口知之（ひぐちともゆき）	統計数理研究所
持橋大地（もちはしだいち）	統計数理研究所
田邉國士（たなべくにお）	早稲田大学理工学術院理工学研究所

ベイズモデリングの世界

2018 年 1 月 17 日　第 1 刷発行
2020 年 10 月 15 日　第 3 刷発行

編　者　伊庭幸人

発行者　岡本　厚

発行所　株式会社 岩波書店
〒101-8002 東京都千代田区一ツ橋 2-5-5
電話案内 03 5210 4000
https://www.iwanami.co.jp/

印刷・三秀舎　製本・中永製本

© Yukito Iba 2018
ISBN 978-4-00-024798-6　　Printed in Japan

岩波データサイエンス (全6巻)

岩波データサイエンス刊行委員会=編

統計科学・機械学習・データマイニングなど，多様なデータをどう解析するかの手法がいま大注目．本シリーズは，この分野のプロアマを問わず，読んで必ず役立つ情報を提供します．各巻ごとに「特集」や「話題」を選び，雑誌的な機動力のある編集方針を採用．ソフトウェアの動向なども機敏にキャッチし，より実践的な勘所を伝授します．

A5判・並製，平均152ページ，各1389円
＊は1500円

〈全巻の構成〉

Vol.1 特集「ベイズ推論と MCMC のフリーソフト」

Vol.2 特集「統計的自然言語処理 ― ことばを扱う機械」

＊Vol.3 特集「因果推論 ― 実世界のデータから因果を読む」

Vol.4 特集「地理空間情報処理」

Vol.5 特集「スパースモデリングと多変量データ解析」

＊Vol.6 特集「時系列解析 ― 状態空間モデル・因果解析・ビジネス応用」

―――――― 岩波書店刊 ――――――

定価は表示価格に消費税が加算されます
2020 年 10 月現在

〈電子版〉統計科学のフロンティア (全12巻)

甘利俊一，竹内啓，竹村彰通，伊庭幸人＝編

統計学を理論の中心とする学問は，進化し続けている．金融，データマイニング，バイオインフォマティクス，脳の情報理論をはじめとして，工学，経済学，医学，心理学などの分野の応用に新展開が見られる．また，ニューラルネット理論や統計物理学など隣接分野で開発された考え方や手法を取り入れ，対象領域をさらに拡大しつつある．このように新しい情報の科学を生み出しつつある領域全体を「統計科学」とよび，その成果と方向を示す．

〈全巻の構成〉

統計理論を学ぶために……

1. 統計学の基礎 I ——線形モデルからの出発
   竹村彰通／谷口正信
2. 統計学の基礎 II ——統計学の基礎概念を見直す
   竹内啓／広津千尋／公文雅之／甘利俊一

新しい概念と手法をめざして……

3. モデル選択——予測・検定・推定の交差点
   下平英寿／伊藤秀一／久保川達也／竹内啓
4. 階層ベイズモデルとその周辺——時系列・画像・認知への応用
   石黒真木夫／松本隆／乾敏郎／田邉國士
5. 多変量解析の展開——隠れた構造と因果を推理する
   甘利俊一／狩野裕／佐藤俊哉・松山裕／竹内啓／石黒真木夫
6. パターン認識と学習の統計学——新しい概念と手法
   麻生英樹／津田宏治／村田昇
7. 特異モデルの統計学——未解決問題への新しい視点
   福水健次・栗木哲／竹内啓／赤平昌文

対象から方法へ……

8. 経済時系列の統計——その数理的基礎
   刈屋武昭／矢島美寛／田中勝人／竹内啓
9. 生物配列の統計——核酸・タンパクから情報を読む
   岸野洋久／浅井潔
10. 言語と心理の統計——ことばと行動の確率モデルによる分析
    金明哲・村上征勝／永田昌明／大津起夫／山西健司

新しい計算手法と統計学……

11. 計算統計 I ——確率計算の新しい手法
    汪金芳・田栗正章／手塚集／樺島祥介・上田修功
12. 計算統計 II ——マルコフ連鎖モンテカルロ法とその周辺
    伊庭幸人／種村正美／大森裕浩／和合肇／佐藤整尚・高橋明彦

———————— 岩波書店刊 ————————

確率と情報の科学

編集：甘利俊一，麻生英樹，伊庭幸人
A5 判，上製，平均 240 ページ

確率・情報の「応用基礎」にあたる部分を多変量解析，機械学習，社会調査，符号，乱数，ゲノム解析，生態系モデリング，統計物理などの具体例に即して，ひとつのまとまった領域として提示する．また，その背景にある数理の基礎概念についてもユーザの立場に立って説明し，未知の課題にも拡張できるように配慮する．

《特徴》
◎定型的・抽象的に「確率」「情報」を論じるのではなく具体的に扱う．
◎背後にある概念や考え方を重視し大きな流れの中に位置づける．

＊赤穂昭太郎：カーネル多変量解析──非線形データ解析の新しい展開　　本体 3500 円

＊星野崇宏：調査観察データの統計科学　　本体 3800 円
　　　　　──因果推論・選択バイアス・データ融合

＊久保拓弥：データ解析のための統計モデリング入門　　本体 3800 円
　　　　　── 一般化線形モデル・階層ベイズモデル・MCMC

＊岡野原大輔：高速文字列解析の世界　　本体 3000 円
　　　　　──データ圧縮・全文検索・テキストマイニング

＊小柴健史：乱数生成と計算量理論　　本体 3000 円

　三中信宏：生命のかたちをはかる──生物形態の数理と統計学

　持橋大地：テキストモデリング──階層ベイズによるアプローチ

　鹿島久嗣：機械学習入門──統計モデルによる発見と予測

　小原敦美・土谷隆：正定値行列の情報幾何
　　　　　──多変量解析・数理計画・制御理論を貫く視点

　池田思朗：確率モデルのグラフ表現とアルゴリズム

　田中利幸：符号理論と統計物理

　狩野　裕：多変量解析と因果推論──「統計入門」の新しいかたち

　田邉國士：帰納推論機械──確率モデルと計算アルゴリズム

　石井　信：強化学習──理論と実践

　伊藤陽一：マイクロアレイ解析で探る遺伝子の世界

　江口真透：情報幾何入門──エントロピーとダイバージェンス

　佐藤泰介・亀谷由隆：確率モデルと知識処理

＊は既刊

──── 岩波書店刊 ────
定価は表示価格に消費税が加算されます
2020 年 10 月現在

調査観察データ解析の実際 (全4巻)

星野崇宏, 岡田謙介=編

社会科学や医学・疫学などヒトにかかわるデータを扱う分野では，条件を厳密に統制した実験研究を行うことが多くの場合困難である．加えて関心のある変数に影響を与える要因が多数にわたる．そのため因果的な議論や予測を行うことは，実験研究が可能な分野に比べて容易ではない．しかし，この20年における統計学の発展により，ようやく実験が可能でない調査・観察研究においても，因果推論や精度の高い予測モデルを構築することが可能になった．本シリーズでは，そうした諸手法についての理論的解説およびその応用の指針を紹介するものである．

A5判・並製

〈全巻の構成〉

* **1. 欠測データの統計科学**——医学と社会科学への応用
　　高井啓二, 星野崇宏, 野間久史　　　　　　　　　　　　　　本体 3200 円

2. 選択バイアスと統計的因果推論——データ取得のデザインとロバストな推定
　　星野崇宏

3. 潜在変数モデリング——離散／階層／縦断／構造方程式モデルの統合
　　岡田謙介, 宇佐美慧

4. 行動理解と予測の統計モデル——離散選択・行動間隔・構造推定
　　猪狩良介, 星野崇宏, 宮﨑慧

＊は既刊

────────── **岩波書店刊** ──────────

定価は表示価格に消費税が加算されます
2020 年 10 月現在